Python 语言程序设计教学与实践

主　编　郭君红

副主编　王　飞　张宝才

参　编　俞　岚　耿立强　耿晓硕

　　　　杨喜晨　郭丹丹　马军伟

　　　　高　峰　刘　征　赵中中

　　　　周　鹏

U0234561

北京理工大学出版社

BEIJING INSTITUTE OF TECHNOLOGY PRESS

图书在版编目（ＣＩＰ）数据

Python 语言程序设计教学与实践 / 郭君红主编 . --

北京 : 北京理工大学出版社 , 2022.11

ISBN 978-7-5763-1813-5

Ⅰ . ① P… Ⅱ . ①郭… Ⅲ . ①软件工具—程序设计—

教材 Ⅳ . ① TP311.561

中国版本图书馆 CIP 数据核字 (2022) 第 205766 号

出版发行 / 北京理工大学出版社有限责任公司

社　　　址 / 北京市海淀区中关村南大街 5 号

邮　　　编 / 100081

电　　　话 /（010）68914775（总编室）

　　　　　　（010）82562903（教材售后服务热线）

　　　　　　（010）68944273（其他图书服务热线）

网　　　址 / http：//www.bitpress.com.cn

经　　　销 / 全国各地新华书店

印　　　刷 / 定州市新华印刷有限公司

开　　　本 / 787 毫米 × 1092 毫米　1/16

印　　　张 / 10.5　　　　　　　　　　　　　　责任编辑 / 王玲玲

字　　　数 / 222 千字　　　　　　　　　　　　文案编辑 / 王玲玲

版　　　次 / 2022 年 11 月第 1 版　2022 年 11 月第 1 次印刷　　责任校对 / 刘亚男

定　　　价 / 69.00 元　　　　　　　　　　　　责任印制 / 边心超

前言

2018 年 1 月，《普通高中课程标准（2017 年版）》正式出台，标志着我国普通高中课程改革进入新时代。课标中贯彻的"立德树人""核心素养"的理念，对全学段信息技术学科教师产生了深远的影响，同时，也为他们指出了全新的教学方向。

作为课标实践最直接的载体，高中信息技术学科教材选择了 Python 语言作为编程和解决问题的基本工具。在教材的论述中，教材作者更加重视采用编程技术解决问题的基本过程、方式与方法，弱化编程基本知识、基础语法的应用，强调利用 Python 语言特质去解决综合问题，关注信息技术学科与其他学科的深度融合。作为一线信息技术教师，我们需要掌握 Python 语言的基本知识、应用规律和方法，同时，还要在学习过程中进一步体会采用计算思维解决问题的一般过程，突显新课程与新课标的理念。

大部分信息技术教师对 Python 语言的了解还处在相对陌生的阶段，他们对其充满了好奇、期待，但也存在一定的学习畏难情绪。实践证明，虽然 Python 语言应用领域有自己强大的优势，但是对广大一线教师而言，还面临诸多挑战，解决这些困难需要重点聚焦两个问题：

第一，帮助广大一线教师快速上手，迅速在 Python 语言庞大的知识体系结构中筛选重点内容，初步构建基本的知识体系。

第二，构建基于 Python 语言的完整的教学案例，供一线教师学习、参考和教学实践。

本书在编写过程中，试图从上述两个角度出发，从教师应用视角进行编写，旨在帮助广大教师短期熟悉 Python 语言，从而可以自主编写一些简单且相对综合的项目，为其搭建一个自主学习和教学参考的平台。具体而言，本书体现了如下特点：

①落实高中新课程以及相关教材的基本目标要求，从内容上对教材中使用的一些经典案例进行详细说明，分析过程并提供详细的代码解决方案，从而帮助教师更好地理解高中新教材蕴含的思想。

②关注不同学段教师的使用情况，对综合案例进行了梯度化处理，不仅包含基本概念和基础知识的简单任务，还逐步递进到综合问题，方便教师分层学习、体验和应用。

③重视学科基本问题的解决，聚焦数据的处理、数据结构的基本操作和人工智能应用与实践等学科热点和核心问题，精心重构了一些耳熟能详但实现复杂的项目，去繁求简，对本质问题做精心处理，打造完整的精简代码。

④关注教师的教育教学过程，从一线教学视角出发，针对每个重点内容给出相关教学建议和教学提示，尽可能满足教师的教学需求。

本书的主体部分由教师培训和教研团队的培训教师及教研员编写，内容贴近中小学教学，满足教师的基本需求；教学案例部分由俞岚、耿立强、耿晓硕、杨喜晨、郭丹丹、马军伟、高峰等老师编写。

由于水平有限，书中疏漏之处难免，不足之处请广大读者见谅并提出宝贵意见。

目录

第一讲　Python 概述与 Python 编程教学

一、Python 语言概述

Python 是一种跨平台、开源且免费的解释型高级编程语言。TIOBE 编程语言排行榜数据显示，2020 年 Python 语言位居第 3 位。其凭借广泛的应用领域、简洁易学的语法特质，受到广大专业人士与电脑爱好者的青睐。

1. 语言的由来

1989 年，荷兰人吉多范罗苏姆（Guido von Rossum）发明了一种面向对象的解释型语言，并从 Monty Python 的戏剧团中找到灵感，因此将该语言命名为 Python。

2.Python 语言的特质

在应用领域上，Python 语言充分发挥了其面向对象的动态解释性语言特质，有效降低了技术门槛，并且解决了类库支持、跨平台服务、提高代码利用率等一系列问题，为广大用户所青睐。

（1）面向对象

面向对象既是一种方法论，也是编程活动技术实践的一个重要特质。方法层面上，我们关注将客观事物的本质特征抽象为计算机系统中的对象，以对象为基本单位，通过模拟对象间的关系、相互联系映射到计算机系统，反映客观现实世界。在技术层面上，则是聚焦如何创建程序中的一系列对象，通过调用对象的属性和方法完成程序的操作。

▲教学提示

在教学过程中，面向对象并不强调学生对概念有多深入的理解，主要是思想方法的渗透，在分析程序时通常会考虑如下几个问题，以获取微信好友为例，可以进行表 1-1 所列的思考。

表 1-1

需要解决的问题	思想方法
完成微信与程序的通信	利用 itchat 模块，构建对象
访问微信好友信息	itchat_login：登录微信 get_friends：好友信息
获取指定的信息	itchat.search_friends['NickName']
添加一个可以自动应答的机器人	丰富 itchat 功能，引入图灵机器人的相关属性和方法

1. 调用和创建对象

调用和创建对象是指在明确任务目的情况下，设计一系列的操作方法和数据结构达到相应的目的。在中学教学阶段，我们通常使用 Python 提供的工具包去完成相应的创建，从而实现更多的功能。如当想访问手机端微信的数据时，通过导入 itchat 模块，构建一个微信对象，就可以比较容易地实现程序对微信数据的控制。

2. 调用对象方法

对象的使用通常是指通过调用对象的方法完成指定的操作。如需要获取好友的信息，可以使用特有的方法 itchat.get_friends。通过这样一个命令，可以访问好友的信息。

3. 获取对象信息

在创建对象后，需要对参数进行相应的界定，通常考虑使用对象的哪些数据，如何描述这些数据的状态，利用数据判断和描述对象的整体状态等。如当需要获取好友的昵称时，可以使用 itchat.search_friends（userName=msg['FromUserName']）['NickName'] 的方法去对数据进行精准定位。而获取对象信息的方法通常是在解析对象属性信息的基础上进行蚕丝剥茧的工作。

4. 扩展对象功能

拓展对象的功能，在原有基础上进一步添加、拓展对象的属性与方法，或者构建具有新功能的对象。比如 itchat 对象当中并没有自动应答的功能，为了添加这个功能，可以利用 Python 的特质，将图灵机器人的部分功能封装到 itchat 中，实现相应的效果。

（2）动态类型语言

动态类型语言是指在运行时确定数据类型的语言。使用变量之前，不需要类型声明，通常变量的类型是被赋值的那个值的类型。在 Python 语言中，变量赋值的过程往往不是一个简单的数值或者字符，而是封装着复杂信息的对象，利用动态型语言的机制，可以根据对象的实际情况合理调整空间，充分提高内存的利用率。

▲教学提示

关于解释型语言的理解，在变量的赋值相关内容教学中会有所体现，重点会集中在如下几个问题上：

① Python 环境下变量不需要定义，只需要赋值后直接使用。

②变量的复制过程实际是对象的创建过程，Python 环境下的变量复制不再简单局限在数值、字符、数组层面上。

③ Python 中的变量具有指针作用，同名变量的复制实际是指针从一个对象地址指向另一个对象地址的过程，被替换的对象将会被内存的动态回收机制回收，从而极大地提高了程序执行过程中内存的利用率。

（3）解释型语言

解释型语言是指翻译发生在程序运行时，即边翻译边运行；再次运行时，需要重新进行翻译。与之相对的是编译型语言，即翻译发生在程序运行之前，将高级语言翻译成机器语言；再次运行时，可直接使用上一次翻译好的机器码，不需要重新编译。

无论是编译型语言还是解释型语言，其本质都是将高级语言（Java、C、Python等）翻译成机器能理解和运行的语言。这种区别主要是翻译发生的时机不同。解释型语言帮助我们在运行时逐步翻译成机器语言，从而更好地兼容不同的操作系统版本，也是Python语言跨平台的保障。

3.Python语言应用的优势——强大的扩展库支持

Python拥有大量的几乎支持所有领域应用开发的成熟扩展库，扩展库包括标准库、第三方库和自定义模块三种形式。

标准库：随Python发布的数据工具箱中提供了各种扩展库、系统管理、网络通信、文本处理、数据库接口、图形系统、XML处理等额外的功能。

第三方库：称为第三方模块，使用方式与标准库类似。它们的功能覆盖科学计算、Web开发、数据库接口、图形系统多个领域。第三方模块可以使用Python或者C语言编写，使得以Python或C++编写的程式能互相调用。Python常被用作其他语言与工具之间的"胶水"语言。

自定义模块：自己创建的相关模块，可以被Python导入、调用。

Python模块多种多样，教师可以根据自己的需求选择相应的一些扩展模块作为学习或课上的教学工具，常用的一些库见表1-2。

表1-2

名称	功能	备注
Tkinter	图形化开发	图形化开发，移植VB案例
WxPython	图形化开发	比Tkinter稍难，进阶使用
PyQt	图形化开发	目前功能最强的GUI开发工具，适合个人开发
Pygame	多媒体和游戏开发	游戏开发的项目学习
PIL	图像处理库	对图形文件的格式支持广泛
NumPy	科学计算	提供了矩阵、线性代数、傅里叶变换等的解决方案
pandas	数据处理	强大的数据处理功能
Matplotlib	数学二维图形绘制	NumPypandas Matplotlib一起使用
BeautifulSoup	解析器	爬虫工具
Wordcloud	词云图生成	生成各类好玩的词云
jieba	文本分析工具	文本分析项目
Django	Web框架	动态网站制作
Baidu-aip	百度人工智能服务	开发人工只能相关项目
itchat	微信通信工具	开发微信项目，分析微信中的信息数据

4. 多种方式书写支持

Python 语言的编写特点是完全支持面向对象程序设计，语法简洁清晰，既支持命令式编程，又支持函数式编程。对于简单的程序或者初学者而言，利用命令行的方式可以很好地梳理程序运行的执行过程与顺序，是入门时的最佳选择。函数式编程可以更好地对程序进行整体逻辑把握与模块化的管理，适合一些综合的项目与任务。

二、Python 对信息技术课程改革的影响

随着课改如火如荼地进行，信息技术学科教学发生了巨大的变化。从以往的工具论逐渐在向学科本位的思想和方法构建进行转变。程序设计已经不是学科中独有的知识与技术，而是将编程解决问题作为学科的一种独有的方法和手段，其贯彻在整个教学活动当中。因此，在编程教学中，需要强调知识技术运用的综合性和解决问题的实用性，并且聚焦于思维与方法的提升。

1.Python 的胶水特性

Python 语言为信息技术学科知识的整合和技术的融合提供了很好的支持与工具。从技术应用角度上看，Python 语言提供了大量工具包、模块和自定义函数，可以把多种不同语言编写的程序融合到一起实现无缝拼接，更好地发挥不同语言和工具的优势，满足不同应用领域的需求。在实践层面，Python 语言可以通过服务接口和大量的应用软件进行通信，使学习者快速上手，完成具有实际意义的开源项目，保证知识和技术实现比较简单且紧密的融合。

2. 利用 Python 完成对信息技术课程的重构

Python 语言的丰富特性和强大的支持功能，可以帮助广大教师比较灵活地应用于教学。利用该环境，更加丰富信息技术教学的内容和手段。在教学内容上，利用 Python 语言作为实践和认知工具，实现必修模块、选修模块之间知识的深度融合；在教学模式上，利用 Python 开发实践应用项目，促进基于学科教学的项目式学习开展。同时，可以优化改良教学情境，开发根由实践价值和应用价值的应用程序。

三、Python 教学案例综述

当前基于 Python 的程序设计教学主要偏重程序设计基础和应用两个层面。程序设计基础方面，关注编程中的基本知识、基础语言以及基本算法和典型案例；应用层面通常包括数据处理与挖掘、特定工具模块与案例开发、人工智能技术探究等方面。案例多种多样，各有利弊。

1. 算法与程序结构

（1）概述

与传统的编程教学类似，在教学中关注 Python 语言的语法、基础的数据类型（列表、字典等）、经典的算法案例（枚举、选择、排序等）。利用经典问题的编程设计，完成语言的知识点教学和编程思想方法的渗透。

在教学过程中，教师通常会使用一些以往经典案例，或选取一些学生感兴趣的实际问题，进行教学引导，见表 1–3。

表 1–3

主题	具体内容
航海问题	Math 函数进行坐标计算
生产问题	计算机解决问题步骤
猜数字游戏	分支结构
数列及其运算	循环结构
数值排列	排序算法
韩信点兵	枚举法
汉诺塔探究	递归算法
地铁中的最短路径	图的遍历与最短路径
……	

（2）主要知识点

教学中涉及的主要知识点见表 1–4。

表 1–4

主要知识点
①三大程序结构：顺序、选择、排序
②变量和运算：赋值、算数运算、关系运算
③数据的输入和输出：输入 / 输出语句
④常见的数据类型：数值、文本、列表、字典相关操作
⑤常用函数：常见内置函数
⑥常见算法：枚举、查找、排序

（3）优势与不足

基于算法与程序主题的教学采用的案例通常都是经典的算法与相对成熟案例，争议性较小，内容调试难度不大，从而有效降低了教师备课难度。通过这样的内容讲授，有利于夯实学生的基础知识，从知识、思想方法、上机编程习惯等几个方面进行很好的规范与引领。

由于标准的 Python 编程环境没有提供类似于 VB 的控件，这类问题的呈现相对单调。在没有一定的基础情况下，很难进行拓展与应用。学生会觉得枯燥，代码的编写和调试对于初学者来说有一定的难度。

2. 图形绘制

（1）概述

Python 语言中提供了 turtle 模块，可以实现简单的程序作图。利用 turtle（类似 logo）语言绘制图形，理解程序设计相关知识。

turtle 库是 Python 标准库之一，是入门级的图形绘制函数库。利用 turtle 可以创建一个小海龟，在一个横轴为 x、纵轴为 y 的坐标系原点，从（0，0）位置开始，它根据一组函数指令的控制，在这个平面坐标系中移动，从而在它爬行的路径上绘制了图形。在应用层面，其近似于图形化编程（Scratch 语言等）中的画笔工具，其对比效果如图 1-1 所示。

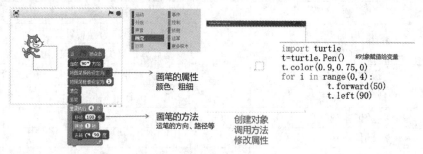

图 1-1

（2）主要知识点

①坐标和运动。

②三大程序结构。

③基本语句：画布、前进、转向、填色、画笔状态、全局控制、画笔运动、画笔控制命令。

▲**教学提示**

在教学中，可以比较迅速地解决图形的基本画法，关键在于计算机作图思想方法的创意与设计。这个过程可以考虑如下几个方面：

1. 复杂图形的应用

通过绘制复杂图形了解模块化设计的思想以及三大结构在参与作图过程中的流程控制，如图 1-2 所示。

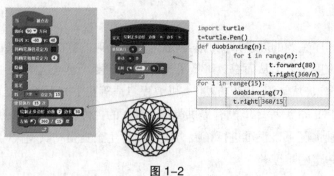

图 1-2

2. 绘画创意

利用绘制图像的思路结合算法分析进行艺术创作，体验基于编程技术的数字艺术与电脑美术之间的差异与区别，如图1-3所示。

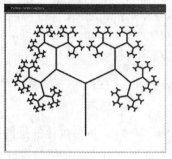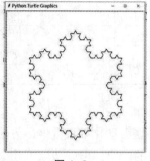

图1-3

3. 数据科学

利用 Python 进行数据的获取与分析，然后利用 turtle 进行精准作图，进行数字科学相关内容的探究，如图1-4所示。

图1-4

3. 数据分析应用和处理

（1）概述

数据处理是 Python 语言的重要功能之一。作为强大处理工具，Python 语言可以很好地支持数据与计算相关内容的学习：该语言在数据的获取、存储、运算、加工、呈现几个层面，都可以起到很好的支持作用；利用第三方扩展库和相关工具可以实现对数据的获取、分析、可视化等操作。利用 Python 语言和工具的支持，可以高效地完成一个比较完整的数据分析项目。

在教学过程中，可以参考的一些案例，见表1-5。

表 1-5

主题	相关内容
学生签到系统模拟	Excel 文件交互
新闻舆情分析	大数据应用
微信好友数据分析	微信通信与数据可视化分析
体重指数分析	数据分析与计算
运动员能力分析与预测	数据可视化和算法设计
小说出场人物分析与预测	文本分析与可视化
......	

（2）解决问题的思想方法

数据分析分析和应用除了关注自动化处理数据的方法和技巧外，更多关注的是数据的处理与分析统计过程。对于相关的内容，可以从以下几个方面进行基本的训练与设计。

①客观事物的数据化与数据的选择。

数据的应用主要关注对客观事物的抽象提取，将生活情境中的案例进行数据化提炼，并选取相应的工具对数据进行整理、统计、分析。例如处理帖子或论坛中的评论信息时，对于文本理解中的复杂问题，可以使用相应的工具（SnowNLP 等）进行文本化的定量分析，如图 1-5 所示。

	comments	date	sentiment
0	这辈子最爱吃的火锅，一星期必吃一次啊！最近才知道他家还有免费鸡蛋羹.................炒鸡好吃炒鸡嫩...	2017-05-14 16:00:00	0.633198
1	第N次来了，还是喜欢?......

从还没上A餐厅的楼梯开始，服务员已经在那迎宾了，然...	2017-05-10 16:00:00	0.543631
2	大姨过生日，姐姐定的这家A餐厅的包间，服务真的是没得说，A餐厅的服务也是让我由衷的欣赏，很久...	2017-04-20 16:00:00	1.000000
3	A餐厅的服务哪家店都一样，体贴入微。这家店是我吃过的排队最短的一家，当然也介于工作日比较晚...	2017-04-25 16:00:00	0.243871
4	因为下午要去天津站接人，然后我情前几天就说想吃A餐厅，然后正好这有，就来这吃了。
来的...	2017-05-21 16:00:00	0.932328

```
import snownlp
s=input("请输入需要判定的语言")
fenxi=snownlp.SnowNLP(s)
print(fenxi.sentiments)
```

图 1-5

②数据文件之间的通信与操作。

通常而言，整理后的文件通常要以文件的形式进行保存，在程序处理过程中，需要根据需要将文件整体或部分导入到程序中进行操作。因此，程序和文件之间的通信与数据之间的转换与操作至关重要。在操作中，需要文件的读取、特定数据的获取、运算、重新写入文件等操作。

以模拟签到系统为例，其工作原理就是通过查找某一列单元数据格，返回结果。具体技术操作则是 Python 和 Excel 文件互相通信的过程。如图 1-6 所示。

	A	B	C
1	学号	姓名	
2	0001	张三	
3	0002	李四	
4	0003	王五	
5			
6			
7			

```
import xlwt
import xlrd
uno=input("请输入你的学号")    #输入学号
uname=""
f_path="学生信息表.xlsx"
data=xlrd.open_workbook(f_path #打开工作簿
table = data.sheet_by_name('Sheet1')#选定工
for i in range(1,4):
    if table.cell(i,0).value==uno:
        uname=table.cell(i,1).value
        print(uname,"同学签到成功")
```

图 1-6

③数据文件的操作。

数据文件的操作主要是指对数据进行运算与处理。如数据类型的转换、数据的批量运算等。在数据的运算过程中，通常有采用两种方法。其一是所有的数据文件转化成列表数据进行操作，然后转换成对应的文本文件进行输出，方便数据的保存和数据的操作。但对于需要进行复杂数学操作的数据，这类方法相对不易实施，可以使用 numpy 工具和 pandas 工具转换成对应的数组或记录集进行操作。如图 1-7 所示。

宋江		170	90
花荣		174	70
扈三娘		167	42
林冲		181	78
王英		162	70

	姓名	身高	体重	BMI
0	宋江	170	90	31.141869
1	花荣	174	70	23.120624
2	扈三娘	167	42	15.059701
3	林冲	181	78	23.808797
4	王英	162	70	26.672763

```
1  def panding(BMI):
2      if BMI<18.5:
3          jieguo="臭美过度了吧，加强营养啊"
4      elif BMI<=25:
5          jieguo="标准体重，继续保持"
6      elif BMI<=32:
7          jieguo="小胖贼，注意控制体重"
8      else:
9          jieguo="已经成球了，赶紧减肥吧！"
10     return jieguo
11 data["结果"]=data.apply(lambda x:panding(x["BMI"]),axis=1)
12 data
13 data.to_csv("结果.csv",)
```

图 1-7

④数据文件的可视化。

在分析结果的基础上，对数据进行可视化的统计，是 Python 典型的应用。常用的一些可视化包括柱状图、折线图、雷达图等，也包含基于词频分析技术生成的词云图等。如图 1-8 所示。

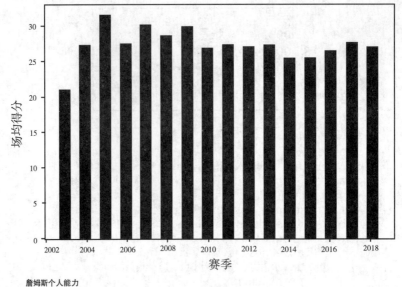

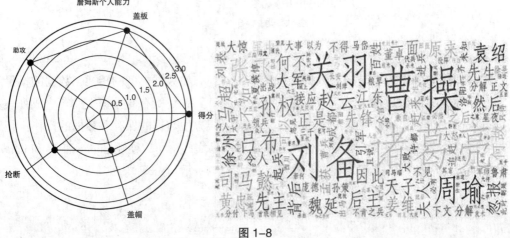

图 1-8

（3）优势与不足

在 Python 语言程序教学中引入数据项目，以数据处理为核心任务，以数据的基础知识、数据处理的基本技术和基本思想为核心内容，符合新课程教学理念，有助于学生对信息技术学科核心价值的理解；在内容上基于实际情境的解决，提高了实践价值。

数据处理过程中涉及数学知识较多，以数学、统计学为基础的数据知识在高中阶段学生不能完全掌握，如何在学科教学中进行取舍和处理，都面临巨大挑战。

4. 人工智能应用

（1）概述

在 Python 语言教学中，引入人工智能相关知识或开展相应技术实践研究也是当前教学中可以选择探究的一个环节。在教学中，关注人工智能技术的落地、功能的复现与原理的探究。主题及具体内容见表 1-6。

表 1-6

主题	具体内容
人脸识别	智能服务平台应用
车牌识别	图像识别与应用
自动驾驶	卷积神经网络与机器学习
鸢尾花分类	机器学
电影分类	KNN 算法
......	

（2）主要实践方案

Python 语言程序设计与人工智能相结合是目前教师在授课过程中主要采取的一种方式，从而达到在有限课时中，将学科与人工智能相关内容进行深度融合的目的。在教学中，主要选取三个角度进行探究：

①接口调用。

利用 Python 提供的扩展包和人工智能服务平台通信，获取相应的数据和返回值。在这个过程中，通常完成的操作包括数据化原始资料（图像、声音、文本等），发送请求，回收处理结果，解析结果，拓展应用等。其主要算法和核心操作由人工智能服务平台提供的服务完成。如利用人工智能服务平台完成人脸识别项目的设计和原理探究、文本分析与语义交互理解项目等。如图 1-9 所示。

```
APP_ID = '14547890'
API_KEY='Wysk1yCNyxVS15swwUVCq2HX'
SECRET_KEY='Gs5aXssIXPzN419nenCIWS8xxa1N2PDC'
client = AipFace(APP_ID, API_KEY, SECRET_KEY)


options = {}
options["face_field"] = "age, beauty, gender, expression"
result = client.detect(image, image_Type, options)
```

```
filename="0.jpg"
cap = cv2.VideoCapture(0)
jishi=0
while(1):
    a,frame = cap.read()#每一帧的状态，每一帧的数据
    cv2.imshow("capture", frame)
    jishi=jishi+1
    if jishi==50:
        print(cap.read())
        jishi=0
    if cv2.waitKey(1) & 0xFF == ord('q'):
        #键盘响应
        cv2.imwrite(filename, frame)#拍照
        break
cap.release()
```

图 1-9

②模型训练。

借助于开源训练集，探究数据的训练过程。通常使用公开的训练集和数学系统进行数据训练，以及机器学习原理的探究。探究中，利用 Python 代码完成数据的拟合、模型的调整以及数据的可视化过程。如利用 Keras 训练集和 TensorFlow 系统完成手写识别应用、图像识别系统设计等。如图 1-10 所示。

```
from keras.datasets import cifar10
from matplotlib import pyplot as plt
import numpy as np
(x_train, y_train), (x_test, y_test)=cifar10.load_data()
fig, axes=plt.subplots(10, 10, figsize=(20, 20))
axes=axes.flatten()
for i in range(0, 100):
        axes[i].imshow(x_train[i], cmap="gray_r")
        axes[i].set_xticks([])
        axes[i].set_yticks([])
plt.tight_layout()
plt.show()
```

图 1-10

③算法探究。

以实际情景入手，对人工智能基础算法进行探究。如利用 KNN 算法进行电影分类，贝叶斯算法模拟垃圾邮件过滤，借助 sklearn 构建决策树、随机森林、回归模型等。对人工智能算法的探究有助于帮助学生拨开迷雾，直指算法核心。利用 Python 语言对简单化的问题进行呈现，可以帮助学生更加接近算法本质。如图 1-11 所示。

```
In  [3]:  import numpy as np
          import csv
          import collections
          # tz=np.loadtxt("iristz.csv").astype(str)
          tz =np.loadtxt("iristz.csv", dtype=float, delimiter=",") #导入特征数据 numpy对象
          bq =open("irisbq.csv", "r").read().split("\n")
          def createDataSet(): #生成标签与特征数据
                  group=tz
                  labels=bq
                  return group, labels
          def classify(inx, dataset, lables, k): #KNN算法描述
                  dist=np.sum((inx-dataset)**2, axis=1)**0.5 #计算样本到训练集每个点的举例
                  k_labels=[labels[index] for index in dist.argsort()[0:k]] #取距离最近的k个
                  jieguo=label=collections.Counter(k_labels).most_common
                  return jieguo
          if __name__ == '__main__': #主函数调用
                  group, labels=createDataSet()
                  test=[ 5.8, 2.7, 5.1, 1.9]
                  test_class=classify(test, group, labels, 7)
                  print(test_class)

<bound method Counter.most_common of Counter({'Iris-virginica': 6, 'Iris-versicolor':
1})>
```

图 1-11

5.Python 与开源硬件

（1）概述

利用开源硬件和 Python 提供的工具进行编程，在信息技术课程上的体验主要以开源硬件相关实验为主，配合创客教育。

（2）常见的三种开源硬件

常见的三种硬件包含树莓派、Arduino、Micro:bit 三种开源硬件，如图 1–12 所示。

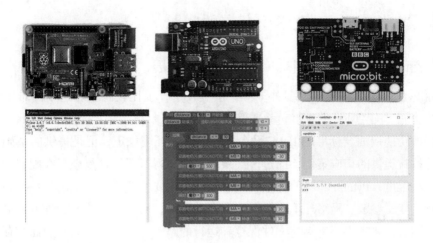

图 1–12

它们各自的特点见表 1–7。

表 1–7

名称	编程环境	优势	劣势
树莓派	IDLE	系统自带编程环境，利用 gpio 完成通信，接口齐全，直接进行编程	操作系统配置复杂，教学环境复杂，不利于演示、传递
Arduino	MixlyArduino IDE	兼容性强，支持图形化编程语言	对 Python 兼容性不强，数字电路知识要求较高
Micro:bit	Java Block Editor	精巧且功能齐全，支持图形化开发，可以在平板下使用，支持 Python 操作	不带 WiFi 功能，数据传输需要蓝牙或分组发送。传输效率较低

（3）开源硬件实践方案

开源硬件的实践方案关键在于要将创客教育与人工智能教育进行区分。区别于硬件的搭建、人工智能应用实践、基于程序设计的开源硬件实践活动，关注点主要在于传感器数据的通信、传递、处理以及硬件之间数据的联动。在教学中，开源硬件的实践方案可以采用如下两种方式：

①传感器数据的获取与实验。

通过编程环境与传感器实现连通，获取传感器感知的外界数据。编程控制硬件，根据相应的数据做出状态判断和响应。过程中重视数据的存储、传递、判断分析，以及指令写入硬件的过程。

②物联网模拟实验。

利用开源的硬件和物联网平台完成物联网实验。利用 Python 语言构建开源硬件和网络平台通信的接口。通过程序，将传感器的数据经过数据化处理，转化成可以通信的数据结构传送到平台，通过程序获取平台的处理结果，完成后续的实践。在整个过程中，程序设计的重点包括传感器数据的结构化处理、传感器与平台通信、结果数据的解析三个环节。

四、当前 Python 教学中存在的问题

1.Python 平台应用的困难（环境、语言扩展、模块兼容）

当前 Python 语言在平台上多种多样，但是在选择上比较困难。这个困难主要包括软件提供的功能、配置环境的难度、教学管理三个层面。

在软件功能层面，标准的 IDLE 平台安装简单，环境稳定，但是提供的基础功能不能完全支持教材提供的相应案例，而过多高级环境又显得过于烦琐复杂，在配置和调用资源层面临不小难度；Python 环境的配置有很多挑战，需要考虑操作系统的位数、系统的工作权限、环境变量参数、网络环境支持等多方面的因素，对操作系统的管理方式需要有一定的认知，同时，要考虑环境支持文件保存和运行的路径，这些对广大教师而言存在一定难度；在教学中，还要考虑选择的环境能否提供一些管理内容，有效运行学生端程序，回收管理学生作品，互联传递参数与变量等要求，这些都给我们带来了一定的难度。

2. 教师学习内容的选择（方向、语言使用、方法）

由于学习内容过多，不同参考书提供了不同案例和角度，教师缺乏学习的方向，零散的知识不易提炼，从而造成学习的内容和讲授的内容无法聚焦。

3. 缺乏适合中学生使用的资源

当前在媒体平台和教学资源平台中存在着大量的程序源文件与资源，但是这些文件的品质参差不齐，程序的准确性和合理化设计需要甄别，同时，案例与高中学情存在一定差距，没有较强的针对性，因此，学生资源相对匮乏。

4. 教学内容落地

教学成果落地内容较少，缺少统一的教学资源、学习资源、案例源文件等集中在一起的教育资源文件包，同时，缺乏在此基础之上的教学设计和评价体系。

第二讲　编程环境的配置与使用

一、常用的 Python 编程环境

集成开发环境（Integrated Development Environment，IDE）是专用于软件开发的程序。顾名思义，IDE 集成了几款专门为软件开发而设计的工具。这些工具通常包括一个专门为了处理代码的编辑器（例如语法高亮和自动补全）；构建、执行、调试工具和某种形式的源代码控制。

常见的集成环境包括 IDLE、Pycharm、Sublime Text、Jupyter Notebook、Thonny、Spyder 等。用户可以根据自己的需求进行选择。对于初学者而言，一般选择官方自带的 IDLE 标准环境，其安装简单、界面简洁，适用于基础语法的学习。对于教师教学和学生学习而言，Jupyter Notebook 也是一个不错的选择。如图 2-1 所示。

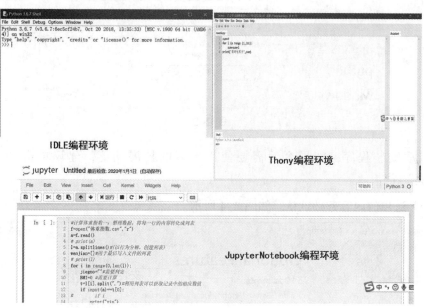

图 2-1

二、IDLE 环境的使用

IDLE 是开发 Python 程序的基本 IDE，具备基本的 IDE 的功能，是非商业 Python 开发的不错的选择。当安装好 Python 以后，IDLE 就会自动安装，不需要另外去找。

1. 环境的安装

①从 Python 官方网址（https://www.python.org/）下载安装程序。如图 2-2 所示。

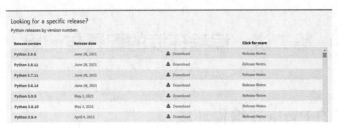

图 2-2

② Python 官方网站目前同时发行 Python 2.x 和 Python 3.x 两个不同系列版本，互相之间不兼容，从目前看，Python 3.x 是大势所趋。如图 2-3 所示。

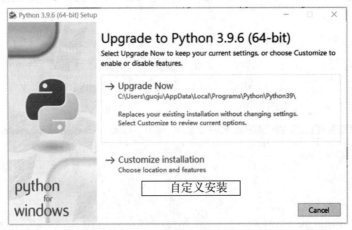

图 2-3

③启动安装程序，如果今后需要使用更多的扩展功能，建议单击"Custommize Installation"按钮。

④安装选项的内容务必默认。如图 2-4 所示。

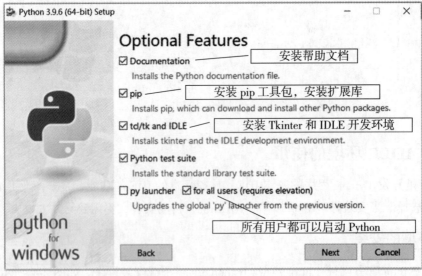

图 2-4

⑤单击"Next"按钮，修改用户路径，然后执行操作，直到程序安装完成。

⑥运行方法：单击"开始"→"所有程序"→"Python 3.9"→"IDLE（Python 3.9 64-bit）"。

2. 编写程序

（1）交互式编程

在自带的开发环境 IDLE 中，直接在 IDLE 提示符"＞＞＞"后面输入语句，回车即可执行。如图 2-5 所示。

图 2-5

◆实践练习一：

1. 体会 Python 的编程哲学

```
>>> import this
```

问题：结果中的内容是什么？

2. 预设结果

```
>>> print('Hello World!')
>>> print（0.618）
>>> print（（3+5）*7/2）
>>> pi=3.14
>>> print（2*pi*5）
```

问题：请尝试将 print 换成 Print，会有什么样的结果？

3. 获取帮助

在 IDLE 提示符"＞＞＞"后输入 help(' 语句 ')，可以得到该语句的帮助信息。

4.计算圆形的面积

```
>>> r=input('请输入圆的半径：')        #字符串型
>>> r=float（r）        #转换为浮点型数据
>>> print('这个圆的的面积为：', pi*r**2)
```

问题：如果关闭文件并重新打开IDLE，依次输入指令，程序能否正常运行？为什么？

（2）脚本式编程

IDLE 界面中使用菜单"File"→"New File"，可创建一个程序文件。

"File"→"Save"（Ctrl+S）：保存文件。默认扩展名为 .py。

"Run"→"Run Module"（F5）：运行程序。程序运行结果将直接显示在 IDLE 交互界面上。

"File"→"Open…"（Ctrl+O）：打开文件。

◆实践练习二：

1.计算题任务（二选一）

①请在脚本模式下编写求解圆面积的程序。

②已知质能方程 $E=mc^2$，编程：根据输入的质量 m（kg）求物质的能量（J）。（说明：光速 c 取 300 000 km/s）。

2.猜数字问题讨论（源程序见猜数字 .py）

修改程序：请尝试运行，看看程序的问题。分析原因并进行修改。如图 2-6 所示。（提示：请观察循环体中的内容，进行分析与判断。）

```python
import random
secret = random.randint(1,10)
#print(secret)
print('-------猜数字游戏！-------')
guess = 0
while guess != secret:
    temp = input('猜数字游戏开始，请输入数字：')
    guess = int(temp)
    if guess > secret:
        print('您输入的数字大了！')
    else:
        print('您输入的数字小了！')
if guess == secret:
    print('恭喜，您猜对了！')
    print('游戏结束，再见！ ^_^')
```

图 2-6

修改方法的参考如图 2-7 所示。

```python
import random
secret = random.randint(1, 10)
#print(secret)
print('------猜数字游戏! -----')
guess = 0
while guess != secret:
    temp = input('猜数字游戏开始, 请输入数字：')
    guess = int(temp)
    if guess > secret:
        print('您输入的数字大了!')
    elif guess < secret:
        print('您输入的数字小了!')
    elif guess == secret:
        print('恭喜, 您猜对了!')
        print('游戏结束, 再见! ^_^')
```

图 2-7

三、Jupyter 交互式笔记本的使用

Jupyter Notebook 的本质是一个 Web 应用程序，便于创建和共享文学化程序文档，支持实时代码、数学方程、可视化和 markdown 标记语言。用途包括数据清理和转换、数值模拟、统计建模、机器学习等。

1. 安装方法

（1）安装 Anaconda 集成环境

Anaconda 指的是一个开源的 Python 发行版本，其包含了 Conda、Python 等 180 多个科学包及其依赖项。Anaconda 的下载文件比较大（约 531 MB）。在环境安装时，Jupyter Notebook 会跟随其自动安装。完成安装后，通过"开始"菜单就可以找到相应的运行图标。如图 2-8 所示。

图 2-8

（2）利用 pip 命令进行安装

pip 是 Python 包管理工具，该工具提供了对 Python 包的查找、下载、安装、卸载的功能。Python 中的 pip 命令要用到 cmd 窗口，所以先在自己的电脑上打开 cmd，在命令与提示符窗口下操作命令，具体步骤如图 2-9 所示。

①单击"开始"→"菜单"→"运行"→"cmd"。

②输入"pip install jupyter notebook"。

③提示完成后，直接输入"jupyter notebook"即可进入程序。

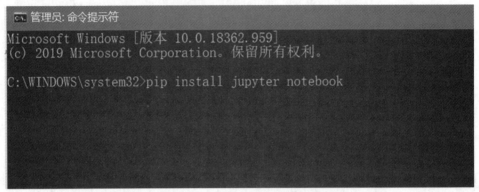

图 2-9

提示：pip 命令的使用虽然简单，但在调试过程中往往不会十分顺利，程序会出现报错情况。主要从以下三个途径进行解决：

①为 pip 命令配置环境变量。

通常来讲，在安装 Python 编程环境的时候，pip 工具已经随着安装包的运行默认了安装，只是没有将其所在目录加入 Path，导致命令查找不到。其具体路径如图 2-10 所示。

图 2-10

此时需要将 Scripts 文件添加环境变量，以 Win10 为例，具体操作如图 2-11 所示。

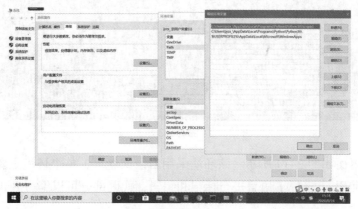

图 2-11

②以管理员身份运行相应程序。

由于电脑配置用户权限和属性时存在差异，当 cmd 窗口运行权限级别不够时，可能会造成无法调用 pip 命令，致使安装失败。为了解决这一问题，可以采用管理员模式的方法运行程序，再次调用 pip 命令，完成软件和模块的安装。如图 2-12 所示。

图 2-12

③网站限速，重新安装。

2. 编辑器的启动

①运行命令提示符，输入 jupyter notebook。如图 2-13 所示。

图 2-13

运行后的界面如图 2-14 所示。该环境采用目录式管理，整个环境主要包括两部分：讲义部分可以使用 markdown 语言进行标记和编辑；代码部分可以编写 Python 代码，并直接进行程序调试。

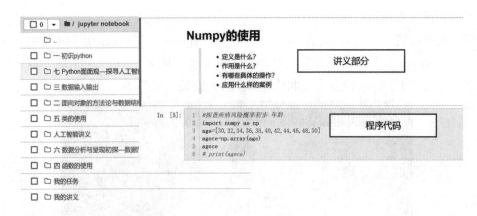

图 2-14

②文档与默认服务器之间的关联。

服务器默认路径：c:\用户\当前用户名。

列表中的文件可以通过服务器默认路径找到。如图 2-15 所示。

图 2-15

3. 文件的创建（图2-16）

Upload：上传文件到默认路径
New：新建文件或文件夹

图2-16

4. 编辑 Python 程序文件（图2-17）

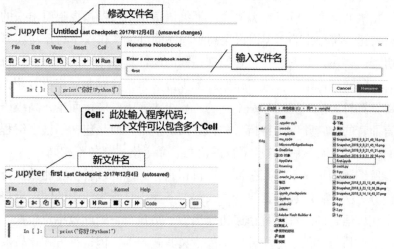

图2-17

5. 运行程序文件

运行的三种方式：按钮、Ctrl+Enter、Shift+Enter。
结果显示在 Cell 下方。
操作实践：体会三种运行方式有什么不同之处。

第三讲　面向对象的方法论

一、程序设计语言的发展历史

第一代程序设计语言称为机器语言，它是由计算机硬件系统可以识别的二进制指令组成的语言，这种语言中的指令都是由 0、1 组成的序列，称这样的序列为一条机器指令。

由于机器语言比较烦琐，所以 20 世纪 50 年代中期，人们开始用一些"助记符号"来代替 0、1 编程，即用助记符代替机器指令中的操作码，用地址符号或标号代替机器指令中的地址码，将机器语言变成了汇编语言。汇编语言是由机器指令映射出来的容易被人读懂的助记忆符。这些符号化的机器语言提高了程序的可读性和程序的开发效率。

无论是机器语言还是汇编语言，它们都是面向硬件具体操作的，语言对机器的过分依赖要求使用者必须对硬件结构及其工作原理都十分熟悉，这对非计算机专业人员来说是难以做到的，对计算机的推广应用也是不利的。高级语言于是应运而生，高级语言主要是相对于汇编语言而言的，它并不是特指某一种具体的语言，而是包括了很多编程语言，如曾经流行的 VB、VC、Delphi 等，这些语言的语法、命令格式都各不相同。

高级语言所编制的程序不能直接被计算机识别，必须经过转换才能被执行，按转换方式，可将它们分为两类：解释类，执行方式类似于我们日常生活中的同声翻译，应用程序源代码一边由相应语言的解释器翻译成机器语言一边执行，因此效率比较低，而且不能生成可独立执行的可执行文件，应用程序不能脱离其解释器，但这种方式比较灵活，可以动态地调整、修改应用程序；编译类，执行方式是指在应用源程序执行之前，就将程序源代码翻译成机器语言，因此其目标程序可以脱离其语言环境独立执行，使用比较方便，效率较高。但应用程序一旦需要修改，必须先修改源代码，再重新编译生成新的目标文件才能执行，只有目标文件而没有源代码，修改很不方便。

高级语言的发展分为两个阶段，以 1980 年为分界线，前一阶段属于结构化语言或者称为面向过程的程序设计，后一阶段属于面向对象的程序设计。

二、面向过程的程序设计

在学习和工作中，当我们去实现某项功能或完成某项任务时，按着罗列的步骤去解决问题时，实质上就是按照面向过程的思想去解决问题。罗列的步骤就是过程，按照步骤解决问题就是面向过程。传统的面向过程的编程思想总结起来就八个字——自顶向下，逐步细化。实现步骤如下：

①将要实现的功能描述为一个从开始到结束的连续步骤（过程）。

②依次逐步完成这些步骤，如果某一步的难度较大，又可以将该步骤再次细化为若干个子步骤，依此类推，一直到结束，得到想要的结果。

③程序的主体是函数，一个函数就是一个封装起来的模块，可以实现一定的功能，各个子步骤往往就是通过各个函数来完成的，从而实现代码的重用和模块化编程。

面向过程的程序设计的优点是有效地将一个较复杂的程序系统设计任务分解成许多易于控制和处理的子任务，便于开发和维护。局限是在面向过程程序设计中，被操作的数据仍然是嵌入在编程语句中的，并且与程序逻辑混合在一起，计算机的信息世界与现实世界之间的映射关系仍然不直接、不明确。用面向过程的方法开发较大的软件系统，数据缺乏保护。使用面向过程程序设计方法建立的应用程序很难修改。

三、面向对象的程序设计

所谓的面向对象，就是在编程的时候尽可能地去模拟真实的现实世界，按照现实世界中的逻辑去处理一个问题，分析问题中参与其中的有哪些实体，这些实体应该有什么属性和方法，如何通过调用这些实体的属性和方法去解决问题。

现实世界中，任何一个操作或者是业务逻辑的实现都需要一个实体来完成，也就是说，实体就是动作的支配者，没有实体，就肯定没有动作发生。

面向对象程序设计是建立在结构化程序设计基础上的，但它不再是从功能入手，而是从对象（人、地方、事情等）入手。

面向对象程序设计以类作为构造程序的基本单位，它具有封装、数据抽象、继承、多态等特点。

所谓的模拟现实世界，就是使计算机的编程语言在解决相关业务逻辑的方式，与真实的业务逻辑的发生保持一致。需要使每一个动作的背后都有一个完成这个动作的实体。因为任何功能的实现都是依赖于一个具体的实体，可以看作是一个又一个的实体在发挥其各自的"能力"，并在内部进行协调有序的调用过程。当采用面向对象的思想解决问题时，可分为下面几步：

①分析哪些动作是由哪些实体发出的。

②定义这些实体，为其增加相应的属性和功能。

③让实体去执行相应的功能或动作。

从上面可以看出，面向过程和面向对象两者之间有着很大的区别。面向过程简单直接，易于入门理解，模块化程度较低；而面向对象相对于面向过程较为复杂，不易理解，模块化程度较高。

可进一步总结为以下三点：

①都可以实现代码重用和模块化编程，但是面对对象的模块化更深，数据更封闭，也更安全。因为面向对象的封装性更强。

②面对对象的思维方式更加贴近于现实生活，更容易解决大型的复杂的业务逻辑。

③从前期开发角度来看，面对对象远比面向过程要复杂，但是从维护和扩展功能的角度来看，面对对象远比面向过程要简单。

四、面向对象概述

1. 对象

对象是一个抽象概念，世间万物皆对象，对象表示任意存在的事物，对象是事物存在的实体，比如一个人。

通常对象具有属性和行为，任何对象都具有自身属性，这些属性是客观存在的，比如人的性别；而对象的行为指的是对象执行的动作，比如人可以跑步、打球等。

2. 类

类是一种抽象概念，是在对象之上的抽象，用来描述具有相同属性和行为的对象的集合。

3. 类与对象的区别和联系

类是对象的抽象，而对象是类的具体实例。类是抽象的，而对象是具体的，类的实例化结果就是对象，而对一类对象的抽象就是类，类描述了一组有相同属性和相同行为的对象。

它们的区别有以下几点：

（1）定义不同

类和对象是面向对象编程技术中最基本的概念。

类是现实世界或思维世界中的实体在计算机中的反映，它将数据以及这些数据上的操作封装在一起。对象是具有类类型的变量。

（2）范畴不同

类是一个抽象的概念，它不存在于现实中的时间、空间里，类知识为所有的对象定义了抽象的属性与行为。对象是类的一个具体。它是一个实实在在存在的东西。

（3）状态不同

类是一个静态的概念，类本身不携带任何数据。当没有为类创建任何数据时，类本身不存在于内存空间。对象是一个动态的概念，每一个对象都存在着有别于其他对象的，属于自己的独特的属性和行为，属性可以随着它自己的行为而发生改变。类是对象的模板，对象是类的具体化或类的实例。

4. 使用对象

使用"."进行以下操作可以给类的属性赋值：对象名.属性。

方法（Method）是类或对象的行为，是一组程序代码的集合。方法是个"黑匣子"，完成某个特定的应用程序功能，并返回结果。当对象需要做某些事情时，在类中添加方法。

方法调用：执行方法中包含的语句。

调用类的方法：对象名.方法名（）

例：

```
school.Name = " 北京教育学院 ";        // 给属性赋值
school.toString（）;                   // 调用类的方法，该方法中的操作将被执行
```

●练习：编写教师类的程序代码

如图 3-1 所示。

```
1  class Teacher:#（创建一个Teacher类）
2      def __init__(self,name,tmajor,tage):#在类中创创建函数去描述类的属性
3          self.name=name
4          self.tmajor=tmajor
5          self.tage=tage
6      def speak(self):#定义类的方法
7          print("您好，我是",self.name,"我教授的课程是",self.tmajor,"我的教龄是",self.tage)
8  teacher1=Teacher("余岚","中学信息技术","15")
9  teacher1.speak()
10
11
```

您好，我是 余岚 我教授的课程是 中学信息技术 我的教龄是 15

图 3-1

说明：

① Python 中定义类用 class 关键字，后面紧接着类名（通常是大写开头），接着是 (object)，表示该类是从哪个类继承下来的，在没有合适的继承类时，就用 object 类，这是所有类最终都会继承的类。

② 对于类中定义方法的要求：在类中定义方法时，第一个参数必须是 self。除去第一个参数外，类的方法和普通的函数没什么区别，如：可以用默认参数、可变参数、关键字参数和命名关键字参数等。

③ Python 中 __init__ 方法的意义。

__init__ 方法是一个特殊的方法，在对象实例化（类的一个对象被建立）时会被调用，马上运行。__init__ 的意思是初始化，是 initialization 的简写。这个方法可以用来对你的对象做一些希望的初始化。这个方法也叫构造方法。

书写方式：先输入两个下划线，后面接着 init，再接着两个下划线。

在定义方法时，在关键字 def 后面输入空格，然后加特殊方法。

__init__（）方法可以有参数，参数通过 __init__（）传递到类的实例化操作上。

一个类中可定义多个构造方法，但是实例化类时，只实例化最后的构造方法，即后面的构造方法会覆盖前面的构造方法，并且需要根据最后一个构造方法的形式进行实例化（对应相应的占位参数的个数）。建议一个类中只定义一个构造函数。

这种方法的重要之处在于，没有专门调用 __init__ 方法，只是在创建一个类的新实例的时候，把参数包括在圆括号内跟在类名后面，从而传递给 __init__ 方法。

语句注解：程序里，把 __init__（）方法定义为取四个占位参数：name、tmajor、tage，以及普通的参数 self。在这个 __init__（）里，创建一个新的域（属性名称），也称为 name 等。注意，它们是两个不同的变量，尽管它们有相同的名字。点号使我们能够区分它们。

5. 封装

封装是把对象的属性和方法结合在一起形成一个独立的系统。

对象的属性和方法通常被封装在一起，共同体现事物的特性，二者相辅相成，不能分割。

封装第一个含义是，把对象的全部属性和全部服务结合在一起，形成一个不可分割的独立单位（即对象）。

第二个含义也称作"信息隐蔽"，即尽可能隐蔽对象的内部细节，对外形成一个边界（或者说形成一道屏障），只保留有限的对外接口，使之与外部发生联系。

6. 继承

继承是面向对象语言的另一特性。类与类之间可以组成继承层次，一个类（子类）可以定义在另一个已定义类（父类）的基础上。子类可以继承父类中的属性和操作，也可以定义自己的属性和操作，因而具有继承这一特性所带来的优势，大大增加了程序的重用性。

7. 多态

多态性是指不同类型的对象接收相同的消息时产生不同的行为。例如动物赛跑，乌龟和兔子等动物各有自己的跑法。当调用动物赛跑里所有对象的 Run 方法时，就会根据自己的实际类型调用相应的 Run 方法，实现动物赛跑。

8. 消息机制

在面向对象技术中，对象间的交互是通过消息的传递来完成的。

消息处理方法就是对象的成员方法。

Windows 操作系统也是以消息为基础，事件为驱动的。

第四讲　数据的表示和计算

一、数据和数据结构的概念

从字面意思理解数据，可以将其定义为未经处理的原始文字、数字、符号或图形等。在计算中，需要按照一定的逻辑结构将这些数据存储在计算机中，从而利用计算机完成这些数据的处理，这种逻辑结构是建立在数据之上的运算集合，我们将其称为数据结构。

1. 数据的表示、抽象和特征

理解数据结构的最基本问题，首先要搞明白一个事物从客观世界的描述到计算机表示的基本过程，在这个过程中需要掌握如下三个要点：

第一，能够用一些数据（符号文字等）表示客观个体。

第二，能对个体的特征进行合理的概括与抽象，找到共性特点，概括这一类个体。

第三，转化成计算机中可以存储和描述的数据集。

以在计算中抽象一个名为王明的教师信息数据为例，其过程如图 4-1 所示。

类型（人类）	wangming
姓名	"王明"
性别	"男"
职业	"教师"
出生年月	1987 年 3 月
学历	硕士
教育 id	"100090"
……	……

图 4-1

2. 获取对象类型和地址的方法

Python 中的任何一个对象都包含相应的数据类型，数据类型规定了相应数据的存储方法和可以执行的操作指令集。系统在生成对象的同时，会开辟一个空间进行存储。

利用 type 和 id 两个函数可以清晰地查找对象的数据类型和相应的地址。具体操作如下：

（1）获取对象类型——type 函数的用法

```
>>> type（123）
<class 'int'>
>>> type（"王明"）
<class 'str'>
```

（2）获取地址信息——id 函数的用法

```
>>> id（123）
1853321248
>>> id（"王明"）
2391344801200
```

3.Python 中的数据类型

（1）数据类型的声明和定义

Python 中的变量不需要像 VB 语言一样在使用前进行单独声明。每个变量在使用前都必须赋值，变量赋值以后指向的对象才被自动创建，并由内存根据赋值的具体内容分配地址。因此，在 Python 环境中，变量本身没有类型，我们所说的"类型"是变量所指的内存中对象的类型。

（2）标准数据类型

①常见的数据类型。

在 Python 语言中，提供的常用数据类型见表 4-1。

表 4-1

名称	表示	举例
整型	Int	123　6　8
浮点	float	3.1415
复数	complex	4.23+8.5j
布尔	Bool	True　False
字符串	String	"今天天 S 气不错 !"、"Python"
列表	List	[1,2,3,4,5]
字典	dict	{" 姓名 ":" 张三 "," 性别 ":" 男 "}

②不同类型间的数据进行运算时，需要根据需求和规则进行相应的转换。

数据类型在运算时，按照一定的规则进行转换，尤其是在进行数据的输入和输出时要格外注意。

◆**实践练习：**

图 4-2 所示的程序输入后的结果如何？为什么会产生这样的结果？

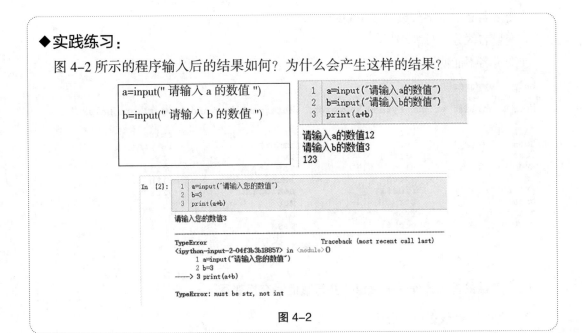

图 4-2

（3）变量概述

在 Python 语言中，变量的概念十分抽象，对它的理解重点在于作用及其生成的过程。我们可以从如下几个角度对变量概念做出解读：

①变量是标签——未参与程序运算的数据进行命名和标识。

②变量是容器——将数据存储在内存的某个区域，通过标签进行提取。

③变量是指针——指向了特定的数据。

（4）变量的动态存储过程与存储机制

Python 中的变量定义是一个动态过程，不需要先定义后使用。采用"万物皆对象原则"。只需要先创建对象，系统会根据对象的内容进行存储空间的开辟，创建的变量更倾向于像指针一样指向该对象所在的内存地址。

变量重新赋值的过程其实就是该变量重新指向了另一个对象地址的过程，而原来指向的数据将会被系统自动回收，地址也将重新释放。操作过程如图 4-3 所示。

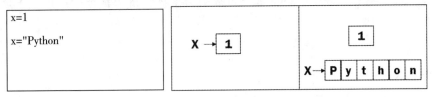

图 4-3

（5）变量的命名规则（图 4-4）

①变量名由字母、数字、下划线组成。

②变量名必须以字母数字或下划线开头。

③变量名区分字母大小写。

④变量名不能使用 Python 保留字。

```
help> keywords

Here is a list of the Python keywords.  Enter any keyword to get more help.

False           def             if              raise
None            del             import          return
True            elif            in              try
and             else            is              while
as              except          lambda          with
assert          finally         nonlocal        yield
break           for             not
class           from            or
continue        global          pass
```

图 4-4

（6）变量的基本操作——赋值、并行赋值、交换变量

①赋值——将数据进行分配。

变量的复制过程是将具体的对象赋给某个变量的过程。

具体的操作方式：

变量名 = 表达式

例如：

a=3+2

②并行赋值——多个变量同时赋值。

变量之间用逗号隔开，复制号后面一次写入相应的内容。例如：

a,b,c=3,4,5

③交换变量——Python 中不需要使用中间变量。

例如：

a,b,= b,a

◆实践练习

思考：a,b,c=b,a," 你好 "，a,b,c 三个值分别为多少？请上机进行操作，并验证你的思考结果。

▲教学提示：

讲解变量时，要考虑两个方面的问题：

第一，明确变量蕴含的道理，重点考虑变量的作用、赋值的过程，以及在系统中的创建和存储过程。

第二，考虑变量在程序运行过程中的价值。如利用变量进行标识，降低数据传输过程的复杂度等。

●**案例：**

模拟一个简单的点餐系统，要求手动输入座位号和菜名，完成后输出显示，需要设计哪些变量？能否实现？

可以参考如下步骤：

①批量输入菜品。

②判断点菜内容是否在菜单中。

③查询点菜价格。

④点餐后自动生成价格。

⑤自动计算所付餐费。

⑥修改菜单内容。

⑦继续添加菜品。

二、数据的运算

1. 常见的运算类型（表 4-2）

表 4-2

算术运算	+,-,*,/,//,%,**	算术运算结果	2**3,5%6
比较运算	<,<=,==,>=,!=	True False	3>=2,2+6>10
逻辑运算	and,or,not	True False	3>2 and 4==2
成员运算	In，not in	True False	"abc" in "abcd"

◆**实践练习**

1. 输入一个数字，判断其是否为偶数。

2. 输入一个年份，判断其是平年还是闰年。

提示：该年能被 4 整除但不能被 100 整除，或该年能被 400 整除。

2. 利用系统函数进行运算

（1）内置函数

该模块不需手动导入，在启动 Python 时系统会自动导入，任何程序都可以直接使用。Python 3.6 中共有 68 个内置函数。

调用方法：函数名（参数序列）

实例：

```
input（"请输入学号"）    print（"您好"）
abs（-1）   bool（3>6）
int（"1"）    list（"abcd"）
```

如图 4-5 所示。

```
#68个内置函数
# abs()          dict()          help()          min()           setattr()
# all()          dir()           hex()           next()          slice()
# any()          divmod()        id()            object()        sorted()
# ascii()        enumerate()     input()         oct()           staticmethod()
# bin()          eval()          int()           open()          str()
# bool()         exec()          isinstance()    ord()           sum()
# bytearray()    filter()        issubclass()    pow()           super()
# bytes()        float()         iter()          print()         tuple()
# callable()     format()        len()           property()      type()
# chr()          frozenset()     list()          range()         vars()
# classmethod()  getattr()       locals()        repr()          zip()
# compile()      globals()       map()           reversed()      __import__()
# complex()      hasattr()       max()           round()
# delattr()      hash()          memoryview()    set()
```

图 4-5

（2）与数学相关的运算函数

Python 中提供了大量的数学运算函数供用户使用，常见的内置数学函数见表 4-3。

表 4-3

名称	作用	举例	结果
abs( )	返回绝对值	abs(−2)	2
divmode( )	返回商和余数	divmode( )	（6,2）
round( )	四舍五入，保留位数	round(3.1415926,2)	3.14
pow(a,b)	求 a 的 b 次幂，如果有三个参数，则求完次幂后对第三个数取余	pow(10,2,3)	1
sum( )	求和	sum([1,2,3,])	6
min( )	求最小值	min(5,3,9,12,7,2)	2
max( )	求最大值	max(5,3,9,12,7,2)	12

（3）调用更多的数学功能——导入 math 模块

除了一些内置模块外，Python 中还提供了一些标准的系统函数，这些函数在安装 Python 环境的时候就预装到了系统中，但是在环境运行时没有导入到程序中。这些功能需要通过导入模块的方法才能进行引用。

◆**实践练习**

以求 4 的开平方为例，如图 4-6 所示。

```
1  import math
2  a=math.sqrt(4)
3  print(a)
```
2.0

```
1  from math import *
2  b=sqrt(4)
3  print(b)
```
2.0

图 4-6

思考：这两种方法在用法上有什么不同？（关于模块导入方法，在后面会有描述。）

▲教学提示

常见的求解数学问题的案例：

1. 输入初始速度，求解加速度。

2. 利用等差数列公式求和。

3. 根据三角形三个变长求解三角形面积。

4. 温度转换。

5. 航海角度问题。

……

◆实践练习

手动输入三角形三个边长，求解三角形面积（提示：计算三角形面积的公式 $S=\sqrt{p((p-a)(p-b)(p-c)}$，其中 $p=(a+b+c)/2$）。

（1）过程分析

为了完成这个操作，首先要明确一个最基本的程序应该实现如下三个功能：

①手动输入边长。

②计算面积。

③输出结果。

（2）关键技术

为了完成操作，要了解根据三角形三个边长计算面积的基本方法，即海伦公式。有海伦公式的基本运算，要考虑如何利用程序实现海伦公式的算法，以及如何在运算过程中减少代码的重复利用。具体要考虑如下三个问题：

①数学库的导入求平方（import math or—from math import * ）。

②变量设计分析。

③根据公式设计表达式 area=math.sqrt(p*(p-a)*(p-b)*(p-c))。

（3）程序实现

如图 4-7 所示。

```
1  #三角形求面积
2  import math
3  a=float(input("请输入a的数值"))
4  b=float(input("请输入b的数值"))
5  c=float(input("请输入c的数值"))
6  p=(a+b+c)/2
7  area=math.sqrt(p*(p-a)*(p-b)*(p-c))
8  print("三角形的面积是",area)
```

请输入a的数值3
请输入b的数值4
请输入c的数值5
三角形的面积是 6.0

图 4-7

（4）拓展思考

如果需要判断三条边长能否构成三角形，如何设计程序？

三、字符串的操作

字符串主要用于编程，字符串在存储上类似于字符数组，所以它每一位的单个元素都是可以提取的。字符串也有很多操作，对于一般用户而言，需要掌握如下三个基本操作：

①字符串的定义：引号使用，前后一致。

②字符串的提取：索引和切片。

③字符串的运算：类型转换和成员运算。

◆**实践练习**

1. 身份证的简单验证 (初步验证)

身份证验证是在我们日常生活中需要经常使用的案例，无意输错和有意识的篡改身份证的现象时常会发生，单从身份证的文本规律出发，能否开发一个小程序，对身份证信息进行初步验证？

（1）程序基本实现过程

①输入身份证号。

②检验身份证的准确性。

a. 身份证号是否满足长度。

b. 身份证的校验位信息是否合法。

c. 身份证前 17 位必须为数字。

d. 身份证生日信息合法。

③输出结果。

（2）程序实现的关键步骤

①获取身份证相关信息（图 4-8）。

```
1   #获取身份证信息
2   myno="110104198603181615"#字符串表示身份证号
3   chang=len(myno) #获取身份证信息长度
4   jy=myno[17]   #获取身份证校验位，注意下标从0开始
5   birth=myno[6:13+1]#利用字符串索引，获取生日信息，注意索引从0开始，左闭右开区间
6   print("身份证信息长度为",chang)
7   print("当前身份证校验位是",jy)
8   print("身份证持有者生日是",birth)
```

身份证信息长度为 18
当前身份证校验位是 5
身份证持有者生日是 19860318

图 4-8

②身份证长度的判定（图 4-9）。

```
1   #身份证长度判定
2   if chang==18 or chang==15:
3       print ("身份证长度合法")
4   else:
5       print ("身份证长度不合法！必须是15位或者18位")
```

身份证长度合法

图 4-9

③校验位判定（图 4-10）。

```
1   jy=myno[17]
2   if jy in("1234567890X"):
3       print("身份证校验位合法")
4   else:
5       print("身份证校验位不合法")
```

身份证校验位合法

图 4-10

④前 17 位必须是数字（图 4-11）。

```
1   #身份证除校验位，其他位数必须是数字
2   for i in range(0,16+1):
3       if myno[i] not in("0123456789"):
4           print("身份证第",i+1,"位不合法")
```

图 4-11

（3）问题拓展

①月和日的取值范围。

②月和日期的关系。

③平年和闰年的二月份问题。

2. 身份证校验算法（完整程序见身份证 .py）

根据身份证校验位特点，通过前 16 位数字信息的运算和最终校验位的比对，可以得出相应的验证结果。具体的算法如下所示：

①17 位分别乘以不同系数。

（7，9，10，5，8，4，2，1，6，3，7，9，10，5，8，4，2）

②相乘后结果求和。

③求和结果除以 11。

④根据余数和校验位的对应关系得出结果。

（0，1，2，3，4，5，6，7，8，9，10）

（1，0，X，9，8，7，6，5，4，3，2）

如图 4-12 所示。

```
1   #身份证教研算法
2   s=input("请输入您的身份证号码")
3   jianyan={"0":"1","1":"0","2":"X","3":"9","4":"8","5":"7","6":"6","7":"5","8":"4","9":"3","10":"2"}
4   l=(7,9,10,5,8,4,2,1,6,3,7,9,10,5,8,4,2)
5   jisuan=0
6   qiuyu=0
7   for i in range(0,len(l)):
8       jisuan=jisuan+int(s[i])*l[i]
9   qiuyu=jisuan%11
10  if jianyan[str(qiuyu)]==s[17]:
11      print("该身份证正确")
12  else:
13      print("身份证错误")
```

请输入您的身份证号码110104198603181615
身份证错误

图 4-12

3. 高级思考——批量验证身份证（见身份证批量 .py），可以作为一个教学项目进行练习

①批量输入身份证：批量输入，导入文件，构建列表。

②获取每条身份证信息：遍历文件，提取字符串。

③检验判定：算法设计。

④返回不合格的结果：打印输出。

四、列表

1. 列表的概述

关于列表，可以进行如下理解：

①可变的有序序列。

②按照顺序放置元素的集合。

③可以进行添加、删除、修改。

2. 列表举例

l=[1,2,3," 张三 ",[1,2,3]]，列表中的元素可以是任意数据类型，需要用逗号分隔，中括号囊括所有元素。

3. 列表的基本操作

列表的基本操作包括创建、遍历、查找、添加和删除。具体操作可以参考网站 http://www.runoob.com/python/python-lists.html。

◆实践练习

操作实践——管理我的好友信息

1. 功能介绍

设计一个好友列表，首先要对好友的姓名信息进行批量管理。利用列表，可以存储、读取、查找、修改及删除好友的信息。

2. 功能的实现

（1）创建好友的信息（图4-13）

```
1  #创建好友信息
2  name=["王大毛","王小毛","丁一","田壮壮","刘大力"]#创建列表
```

图4-13

注意事项：

①西文状态下的中括号。

②每个元素用西文逗号隔开。

③字符串型数据要加西文引号。

（2）读取好友的信息（图4-14）

```
1  #读取好友信息
2  fname=["王大毛","王小毛","丁一","田壮壮","刘大力"]
3  len(fname) #获取好友数量
4  tou=fname[0]#显示第一个好友
5  tf=fname[0:2+1]#获取部分好友姓名第一个元素的索引值从0开始
```

图4-14

思考：运行程序后，分别显示什么内容？

（3）逐行打印列表中的数据（图4-15）

```
1  #逐行打印列表信息
2  num=len(fname)
3  for i in range(0,num): #读取列表所有元素for i in range(0,列表长度)
4      print(fname[i])
```

```
王大毛
王小毛
丁一
田壮壮
刘大力
```

图4-15

（4）判断列表中是否含有该元素（图4-16）

```
1  if "王小毛" in fname:
2      print("记录存在")
3  else:
4      print("记录不存在")
```

```
记录存在
```

图4-16

思考：判断是否存在时，可以使用成员运算，那么如果需要定位元素的位置呢？

提示：在列表中用 L.index 方法返回索引值，除此以外，还可以使用循环计数的方法定位该元素在列表中出现的次数。

（5）在列表中修改元素（图 4-17）

```
1  fname[0]="王大毛同学"  #利用索引找到列表项，通过赋值语句为对象赋值
```

图 4-17

（6）在列表中添加元素（图 4-18）

```
1  #在列表中添加信息
2  fname.append("张全亮")  #在末尾添加信息
3  fname.insert(4,"马八")  #在指定位置插入信息
```

图 4-18

（7）在列表中删除元素（图 4-19）

```
1  fname.remove("张全亮") #删除指定元素#
2  fname.pop(4) #删除指定元素
```

图 4-19

4. 列表的应用场合

列表的主要作用是批量管理数据。在 Python 中，列表通常是存储批量的数据对象，需要和字符串、文件、字典操作相结合；通过读取列表中的每一个元素，完成对指定的元素进行添加、修改、删除等操作，完成对数据对象的统一维护；此外，列表中的数据可以方便地提取，使用户对其进行各类处理，参与运算，完成数据的实时更新。

五、字典

1. 字典的概述

字典也是 Python 提供的一种常用的数据结构，它用于存放具有映射关系的数据。比如有份成绩表数据，语文：79，数学：80，英语：92，这组数据看上去像两个列表，但这两个列表的元素之间有一定的关联关系。如果单纯使用两个列表来保存这组数据，则无法记录两组数据之间的关联关系。

关于字典，可以对其做如下理解：

①字典是可变的集合。

②字典形式键/值。键为标识，值表示的是具体数值。

③访问、修改、删除、添加。

2. 字典举例

{" 姓名 ":" 张三 "," 性别 ":" 男 "," 爱好 ":" 钓鱼 "}

3. 字典的具体操作

字典的具体操作包括创建字典查询、获取信息、搜索信息、修改信息。

字典的具体操作可以参考网站 http://www.runoob.com/python3/python3-dictionary.html。

◆**实践练习**

我的好友系统进阶

在好友信息管理系统中，不可能只有姓名一列信息，通常还需要包括其他大量相关内容，如性别、爱好、职业等，在这里，可以形成一条条结构化的记录，用来描述自己的好友，每一条信息都可以用字典来表示，信息中的数据项目名称（姓名、性别等）可以作为 key，而对应的具体内容可以用 value 表示，通过构建字典型数据，完成对好友信息的整体管理。

1. 功能介绍

①创建一个好友的完整信息。

②描述好友信息（找到关键字）。

③搜索具体内容（按关键字搜索）。

④添加和修改信息。

2. 功能的实现

（1）创建好友信息（图 4-20）

```
1  #创建字典好友信息
2  f1={"姓名":"王大毛","性别":"男","爱好":"钓鱼"}
3  f2=dict(姓名="王小毛",性别="男",爱好="台球")
4  f3=dict(姓名="韩梅梅",性别="女",爱好="做家务")
5  f4=dict(姓名="刘甜甜",性别="女",爱好="吃零食")
```

图 4-20

说明：

①两种创建方法：字面表示法和类型构造法。

②字面表示要点：

大括号 键：键值 逗号分隔。

③类型构造：

dict 关键字 小括号 键＝键值 逗号分隔。

（2）访问好友信息

①根据关键字（键值）访问信息——字典名 [键名称]：获取对应的键值名称。

f1[" 姓名 "]# 注意使用中括号

②获取字典中的键和键值——keys（）和 values（）函数。

f1.keys（　）　f1.values（　）

如图 4-21 所示。

```
1  #字典信息呈现
2  print(f1["姓名"]) #注意使用中括号
3  print(f1.keys())
4  print(f1.values())
5
```

```
王大毛
dict_keys(['姓名', '性别', '爱好'])
dict_values(['王大毛', '男', '钓鱼'])
```

图 4-21

③字典中的数据搜索——get 方法。

f1.get(" 职务 "," 该字段不存在 ")# 获取字段对应的键值，键不存在，返回设计的内容

如图 4-22 所示。

```
1  print(f1.get("姓名","该字段不存在")) #获取字段对应的键值，键不存在，返回设计的内容
2  print(f1.get("职务","该字段不存在"))
```

```
王大毛
该字段不存在
```

图 4-22

（3）添加和修改好友信息

对字典中的关键字信息进行复制，从而修改键值。如果键存在，则键值进行替换；如果不存在，则直接添加新的内容。

如图 4-23 所示。

```
1  f4=dict(姓名="刘甜甜",性别="女",爱好="吃零食")
2  f4["爱好"]="阅读"
3  print(f4)
```

```
{'姓名': '刘甜甜', '性别': '女', '爱好': '阅读'}
```

图 4-23

◆实践练习

进阶内容：好友系统数据库开发

任务要求：制作好友数据库，要求可以查询好友的相关记录，如获取性别、爱好等。

1. 技术关键点

①将字典关联合并成列表——字典与列表嵌套。

②在列表中获取每一个字典元素的内容。

③对相关键值进行运算。

2. 技术实现

（1）完成字典的嵌套（图4-24）

```
1  #利用字典嵌套完成好友通讯录
2  f=[f1,f2,f3,f4]#将字典信息置入列表中
3  print(f)
```

[{'姓名'：'王大毛'，'性别'：'男'，'爱好'：'钓鱼'}，{'姓名'：'王小毛'，'性别'：'男'，'爱好'：'台球'}，{'姓名'：'韩梅梅'，'性别'：'女'，'爱好'：'做家务'}，{'姓名'：'刘甜甜'，'性别'：'女'，'爱好'：'阅读'}]

图 4-24

（2）在嵌套的字典中索引信息——逐个关键字索引

以索引第一个好友性别为例：

①通过列表索引获取第一个好友信息（字典）：f[0]。

②利用字典关键字搜索获取性别：f[0]["性别"]。

（3）遍历嵌套列表中的所有信息

以获取所有好友性别信息为例，要点是循环控制，遍历所有的好友信息，并对"性别"信息进行归类和计算，如图4-25所示。

```
1  #遍历性别信息
2  nan,nv=0,0 #分别创建nan，nv两个变量记录不同性别
3  for i in range (0,len(f)):
4      sex=f[i]["性别"]
5      if sex=="男":
6          nan=nan+1
7      if sex=="女":
8          nv=nv+1
9  print("男性朋友:",nan,"女性朋友:",nv)
```

男性朋友：2 女性朋友：2

图 4-25

◆ 实践练习

获取微信好友性别比例——初识 JSON

提起字典，不得不说到另一个与之相似却又不同的内容——JSON。JSON（JavaScript Object Notation）是一种轻量级的数据交换格式，易于阅读和编写，同时也易于机器解析和生成。从外观上看，JSON 和字典非常类似，都是"Key:Value"的形式。但从本质上看，JSON 不属于一种数据结构，而是一种数据格式，是纯字符串，可以被解析成 Python 的 dict 或者其他形式。因此，就功能而言，JSON 和字典并不相同，不具备数据结构的相关功能。

但从操作层面上看，对 JSON 数据的读取、提取和处理又是在 Python 编程技巧中常用的一个重要技术，方法和读取列表与字典的嵌套的相关数据非常类似，让我们通过一个案例来加深了解。

1. 准备工作

安装 itchat 第三方扩展模块，从而可以完成 Python 和微信程序间的通信。

①安装 itchat：

```
pip install  itchat
```

②导入 itchat:

```
import  itchat
```

2. 技术实现

（1）微信登录（图 4-26）

```
1  import itchat
2  itchat.auto_login(hotReload=True) #扫码登陆, 括号中参数表示一段时间不需要再次扫码登陆
3  itchat.send("你好, 你已经成功登陆", toUserName="filehelper")
```

```
Getting uuid of QR code.
Downloading QR code.
Please scan the QR code to log in.
Please press confirm on your phone.
Loading the contact, this may take a little while.
Login successfully as 王飞
```

<ItchatReturnValue: {'BaseResponse': {'Ret': 0, 'ErrMsg': '请求成功', 'RawMsg': '请求成功'}, 'MsgID': '3740300001378175523', 'LocalID': '15918880034436'}>

图 4-26

（2）获取好友的信息（图 4-27）

```
1  friends=itchat.get_friends(update=True) #利用itchat对象的get_friends方法
2  print(friends)
```

EncryChatRoomId': '', 'IsOwner': 0}>, <User: {'MemberList': <ContactList: []>, 'Uin': 0, 'UserName': '@514c52e443edc2f9a5852b60b1da85cb', 'NickName': '小笼琦', 'HeadImgUrl': '/cgi-bin/mmwebwx-bin/webwxgeticon?seq=711208510&username=@514c52e443edc2f9a5852b60b1da85cb&skey=@crypt_f4221eba_5bd8d35bf1bf627e1e6eb0fea735485a', 'ContactFlag': 2051, 'MemberCount': 0, 'RemarkName': 'A 琦仔', 'HideInputBarFlag': 0, 'Sex': 2, 'Signature': '', 'VerifyFlag': 0, 'OwnerUin': 0, 'PYInitial': 'XLQ', 'PYQuanPin': 'xiaolongqi', 'RemarkPYInitial': 'AQZ', 'RemarkPYQuanPin': 'Aqizai', 'StarFriend': 0, 'AppAccountFlag': 0, 'Statues': 0, 'AttrStatus': 2147716199, 'Province': '北京', 'City': '西城', 'Alias': '', 'SnsFlag': 433, 'UniFriend': 0, 'DisplayName': '', 'ChatRoomId': 0, 'KeyWord': 'qql', 'EncryChatRoomId': '', 'IsOwner': 0}>, <User: {'MemberList': <ContactList: []>, 'Uin': 0, 'UserName': '@6b03b540ced87648d3617a236ebfe83c3479d1cda315c1d116d3828fb

图 4-27

思考 1：你能看懂结果吗？

思考 2：如何才能读懂好友的信息呢？

提示：使用 JSON 格式化工具进行整理。

（3）获取微信中好友性别（图4-28）

```
1   nan=0
2   nv=0
3   weizhi=0
4   for i in friends:
5       if i.Sex==1:#获取性别属性，1为男性，2为女性
6           nan=nan+1
7       elif i.Sex==2:
8           nv=nv+1
9       else:
10          weizhi=weizhi+1
11  print("总人数有",len(friends),"人")
12  print("男士有",nan,"人")
13  print("女士有",nv,"人")
14  print("未知性别有",len(friends)-nan-nv,"人")
```

图 4-28

3. 任务拓展

①将微信中的所有好友信息写入文件中。

②获取所有微信好友的头像。

③通过键盘输入搜寻好友的相关信息。

第五讲　数据的输入和输出

一、数据输入/输出的概述

对于一般用户而言，编写程序过程中通常需要解决人机交互问题，即通过人机对话呈现一些需要的参数，得到不同的答案。这个过程实际上就是程序输入/输出的过程。在这个过程中，通常要考虑通过什么样的方式去导入数据，又需要计算机以什么样的方式呈现结果。

1. 数据输入/输出的过程

在 Python 语言中，由于界面设计相对难度较大，我们在操作过程中首先关注的是一些基础数据的导入与呈现。基本的输入过程如图 5-1 所示。

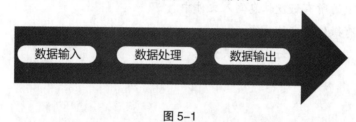

图 5-1

数据输入：input 语句、文件输入、数据库、图形界面等。
数据处理：算法设计、数据存储、数据运算、流程控制等。
数据输出：print 语句、文件输出、数据库、图形界面等。

2. 需要掌握的基本内容

对于初学 Python 语言的人而言，关注程序的输入/输出过程，首先要关心输入语句、输出语句、文件数据的读取与写入等操作，更重要的是，要考虑隐藏在输出/输入过程中的处理过程，关注原始的数据到最终呈现数据这一实现过程的处理环节是如何操作的。

二、标准输入/输出语句

在 Python 语言中，程序的基本交互是靠 input 和 print 语句实现的。利用 input 语句可以将需要处理的数据通过输入框输入计算机中，再经过一系列的程序处理，借助 print 语句打印输出最终的结果。

1.input 语句

通常来讲，input 语句和赋值语句联合使用，实现用户在输入框中输入数据并传入计算机中的操作。

（1）基本过程（图5-2）

```
1  a=input("请输入一个数字")
请输入一个数字 3
```

图5-2

说明：

①语句的功能是创建输入框对象，进行键盘输入——键盘交互。

②变量指向的对象为输入框中的值——键盘赋值。

③对象的类型为文本，可以进行相应的文本操作——文本类型。

④当需要输入的内容作为数值参与数学运算时，需要进行类型转换：

　a=int（a）

（2）批量输入的两种方法——循环与符号分隔

①利用循环实现。

② s.split( ) 括号中输入分隔符信息，默认为空格。

◆**实践练习**

1. 请连续输入10个数，最后将结果一并打印显示

如图5-3所示。

```
1  s=""#用于存储最后的需要输出的数据
2  i=1 #记录次数，从1开始
3  while i<=10:
4      a=input("请输入数值")
5      s=s+a+" "#除了字符串连接外，还需要每个字符中连接一个空格
6      i=i+1
7  print(s)
```

图5-3

说明：通常使用while循环设定输入完成的条件，在循环体中完成输入和输出的相关操作。

2 拓展操作：满足随时退出的过程

如图5-4所示。

```
1  a=input("请输入数字，按*结束")
2  s=""
3  while a!="*":
4      s=s+a+" "
5      a=input("请输入数字，按*结束")
6  else:
7      print("数据输入完成")
8  print("您输入的数据是",s)
```

图5-4

说明：在输入的内容中添加结束条件。利用 while else 完成循环体的实时退出。

3.利用字符串的 split（）方法进行分隔

如图 5-5 所示。

```
1  l=[]          #存储x有数据的列表
2  a=input("请输入数字，按空格分隔")
3  l=a.split()
4  print(l)
```

请输入数字，按空格分隔1 2 3 4 8
['1', '2', '3', '4', '8']

图 5-5

2.print 语句

print 语句是最常见的输出语句，通过 print 语句可以输出打印最终的结果。常见的使用方法主要是利用 print（对象名称）的方式，具体的使用方式如图 5-6 所示。

```
1  a=3
2  b="6"
3  print(a,a+2,b,str(a)+b)
```

3 5 6 36

图 5-6

（1）基本要点

①打印的内容为对象。

②每个对象之间用逗号分隔。

③对象可以用变量或实例表示。

（2）常见格式

①格式串控制：

" 格式控制串 "%（序列数值）

如图 5-7 所示。

```
1  r=float(input("请输入圆的半径："))
2  print("您需要计算一个半径为%7.2f的面积"%(r))
3  #7.2表示：数据输出占7个字符宽度，输出时保留两位小数
```

请输入圆的半径：7.949
您需要计算一个半径为   7.95的面积

图 5-7

②换行表达：利用 "\n"。

如图 5-8 所示。

```
1  print("你好","\n","张三")
2  print("你好","\n","张三",sep="")
```

你好
　张三
你好
张三

图 5-8

思考：两行代码之间有何异同？体会 sep 的作用。

③ print 函数和 format 格式化函数结合。

为了更好地规范输入结果的格式，通常可以利用 format 函数规范相应的格式，具体使用方法可以参考下面的例子进行归纳总结。

如图 5-9 所示。

```
1  print("{} {}".format("hello","world"))#不设指定位置，按照默认顺序
2  print("{1} {0}".format("hello","world"))#设指定位置
3  print("{1} {0} {1}".format("hello","world"))#设指定位置
```

hello world
world hello
world hello world

图 5-9

◆**实践练习**

设计点菜系统

要求：批量输入菜名，结束后生成菜单，显示菜品单价，并计算总价。

```
请输入您需要的菜，菜品之间用空格隔开宫保鸡丁 鱼香肉丝
宫保鸡丁：30
鱼香肉丝：30
总计花费 60
```

1. 设计思路分析

①菜单如何设计：利用字典形成价目表——菜名：价钱。

②如何实现批量输入：输入——input、s.split（ ）。

③如何显示点中菜品和对应单价：对应——打印、字典索引。

④如何完成总量的计算：计算——循环、迭代求和。

2. 技术实现

（1）菜单创建

caidan=dict（宫保鸡丁 =30, 鱼香肉丝 =30, 爆三样 =40, 炸灌肠 =18, 老北京爆肚 =45, 驴打滚 =15, 艾窝窝 =19, 豆汁 =10, 焦圈 =5）

（2）批量输入

s=input（" 请输入您需要的菜，菜品之间用空格隔开 "）# 批量输入点菜的内容
diancai=s.split（）# 生成需要的菜单列表，列表每一项是一个菜名（关键字）

（3）遍历计算

for i in range（0,len（diancai））：
　　huafei=huafei+caidan[diancai[i]]

（4）对应价格

caidan[diancai[i]]

3. 程序完整代码（图 5–10）

```
1   #批量点菜方法一：切割输入数据
2   caidan=dict(宫保鸡丁=30,鱼香肉丝=30,爆三样=40,炸灌肠=18,老北京爆肚=45,驴打滚=15,艾窝窝=19,豆汁=10,焦圈=5)
3   s=input("请输入您需要的菜，菜品之间用空格隔开")#批量输入点菜的内容
4   diancai=s.split()#生成需要的菜单列表
5   huafei=0
6   for i in range(0,len(diancai)):#列表中的内容作为字典菜单的关键字，利用字典检索方法搜寻对应的价钱
7       huafei=huafei+caidan[diancai[i]]#获取列表每一项（菜名）对应的价钱
8       print(diancai[i],":",caidan[diancai[i]])
9   print("总计花费",huafei)
10
```

```
请输入您需要的菜，菜品之间用空格隔开宫保鸡丁 鱼香肉丝
宫保鸡丁 ：30
鱼香肉丝 ：30
总计花费 60
```

图 5–10

4. 优化方案

能否使用循环结构解决问题？

输入的菜品不在菜单上时如何处理？

如何保存顾客点菜内容？

能否利用数据库存储修改和导入菜单？

类似的案例你还可能想出哪些？

三、文件操作

在具体的应用设计阶段，你会发现 input 和 print 很难满足我们的需求。对于真实的任务，我们面临的处理对象往往是批量的结构化数据，这些数据很难用 input 语句来实现。这个

时候就需要将其转化成为我们熟悉的文件。利用程序完成对文件中数据的读取与存储。

1. 文件相关概述

（1）文件

具有永久存储性、特定顺序组成的有序、有名称的集合。可以保存在磁盘、光盘等存储设备上。与输入/输出标准语句最大的不同在于其可以长期保存。

（2）路径

树形目录组织：通过驱动器、目录路径、文件名找到文件。

绝对路径：d:\python 学习 \first.py。

相对路径：从当前程序运行路径出发，表示一个文件，若程序和文件在同一文件夹下，可以直接调用文件名。

建议（不是必须遵循，在程序始终无法调通时可以尝试）：

①路径深度不要过深。

②减少中文文件名的使用。

③尝试使用相对路径。

2. 文件操作

（1）打开文件（表5-1）

采用 open 方法，基本格式为：

```
file=open（filename[,mode[,buffering]]）
```

① file：创建的对象变量。

② filename：文件名，注意路径的用法。

③ mode：可选参数，表明文件的打开方式。

表 5-1

控制字符	说明			注意
	读写方式	指针位置	应用文件	
r	只读	文件头	文本文件	文件必须存在
rb	只读 / 二进制	文件头	非文本文件（图片、声音等）	
r+	续写	文件头写入新内容，从头覆盖	文本文件	
rb+	读写 / 二进制	文件头写入新内容，从头覆盖	非文本文件（图片、声音等）	

续表

控制字符	说明			注意
	读写方式	指针位置	应用文件	
w	只写模式	文件头	文本文件	文件存在，则覆盖；不存在，直接创建新文件
wb	只写 / 二进制	文件头	非文本文件（图片、声音等）	
w+	清空原有文件、空文件读写权限	文件头	文本文件	
wb+	续写 / 二进制	文件头	非文本文件（图片、声音等）	
a	写入 / 追加	文件存在，放末尾；文件不存在，创新写入	文本文件	
ab	写入 / 追加 / 二进制	文件存在，放末尾；文件不存在，创新写入	非文本文件（图片、声音等）	
a+	读写 / 追加	文件存在，放末尾；文件不存在，创新读写	文本文件	
ab+	读写 / 追加 / 二进制	文件存在，放末尾；文件不存在，创新读写	非文本文件（图片、声音等）	

（2）写入文件

采用 write 方法，基本格式为：

file.write（string）

①打开方式必须具有写入权限。

②完成后使用 close（）方法进行保存。

③读取文件后，光标的位置会发生变化。

（3）读取文件

①读取指定字符。

基本方法：file.read（size）文件对象 .read（字符个数），默认为从头开始读取。

file.seek（）：指针移动到指定位置。

file.read（）：从指定位置读取。

注意：seek 方法中，GBK 编码汉字占 2 个字符，UTF-8 编码汉字占 3 个字符。

②读取一行文件。

基本方法：

file.readline（）

输出结果为字符串。

遍历方法：死循环体，当某一行为空时退出。正常循环下，读取每一行的数据，并记录行的数据。

③读取所有行的数据。

基本方法：

file.readlines（）

输出结果为列表。

输出时，为了减轻生成列表的压力，可以在生成对象后进行转换，通过遍历列表中的数据对文本内容进行逐行输出。

◆**实践练习**

操作实践：向文本文件中写入诗词

1.任务描述：

创建一个名为"诗歌"的文本文件，要求完成创建文件、向文件中添加诗句、读取文件操作。

2.关键技术

①创建文件对象：

f=open（路径，打开方式）

②读取文件数据：f.read（）、f.readline（）、f.readlines（）。

③写数据进文件：f.write（string）。

④文本内容定位：seek（位置）。

3.实现过程：

（1）创建诗歌文件（图5-11）

```
#创建一个文本文件，并写入
f=open("d:\\诗歌.txt","w")#文件打开用双斜杠 要加扩展名 w创建新文件 若存在覆盖  w模式下可以写入
```

图5-11

说明：

①可以使用绝对路径或相对路径，文件名要有扩展名。

②描述路径格式时，用字符串对象表示，盘符和文件之间使用双斜杠。

③w模式表示以写入方式创建文件，当文件存在时，被新文件覆盖。

（2）写入文件（图5-12、图5-13）

```
f.write("对酒当歌，\n人生几何?\n")
f.close()
```

图5-12

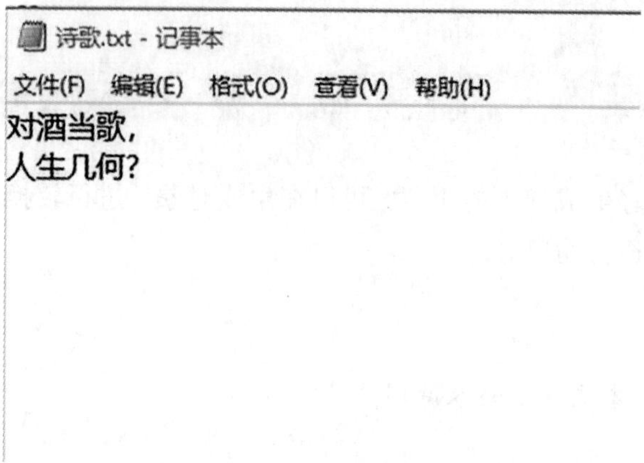

图 5-13

说明：

①括号中的内容是字符串类型。

②写入文件后，要使用 close 方法进行保存和关闭。

③在只读模式下，程序无法进行写入。

（3）读取文件（图 5-14）

```
1    f=open("d:\\诗歌.txt","r")
2    a=f.read() # read中参数为文本长度，默认为全部内容时可以省略
3    b=a.split()
4    print(a)
5    print(b)
```

对酒当歌，
人生几何？

['对酒当歌，', '人生几何？']

图 5-14

说明：

① f.read（）获取文本内容，括号中参数为文本长度，默认时为全部内容。

② split（）方法默认以空格、回车、退格为分隔符，生成对象为列表。

③需要获取文本信息时，使用 read（）方法；需要对文本信息进行具体处理运算时，可以使用 split（）方法转换成列表，再提取列表中的信息进行复杂处理。

如图 5-15 所示。

```
1    #读取指定文件
2    f=open("d:\\诗歌.txt","r")
3    a=f.read() # read中参数为文本长度，默认为全部内容时可以省略
4    b=a.split()
5    print(a)
6    print(b)
```

对酒当歌，
人生几何？

['对酒当歌，', '人生几何？']

图 5-15

◆实践练习

综合实践：签到系统——Excel 交互

1.任务说明

模拟一个签到系统，当学号可以在 Excel 文件中找到的时候，显示签到成功。

2.关键技术

①导入相关功能模块：import xlrd。

②读取 Excel 文件：打开文件，选取表格。

③在所有数据中查找需要的数据：定位单元格，遍历所有数据。

④返回搜索结果：条件判定。

3.程序的实现

（1）打开 Excel 文件，与文件建立通信联系（图 5-16）

```
1   f_path="d://学生信息表.xlsx"
2   data=xlrd.open_workbook(f_path)    #打开Excel文件
3   table = data.sheet_by_name('Sheet1')  #打开工作表
```

图 5-16

说明：

①导入 xlrd 模块，用于 Excel 信息的读取，不能进行写入。

②创建 Excel 工作簿对象 xlrd.open_workbook（ ）。

③创建工作表对象 data.sheet_by_name。

（2）Excel 文件的读取（图 5-17）

```
1   for i in range(1,table.nrows):
2       if table.cell(i,0).value==uno:
3           uname=table.cell(i,1).value
4           print(uname,"同学签到成功")
5           flag=True
6           break
7       else:
8           flag=False
9   if flag==False:
10      print("数据库没有找到相应的记录")
```

图 5-17

说明：

①table.nrows（table.ncols）：获取行列，遍历数据。

②table.cell（行 -1，列 -1）：需要的单元格内容。

③利用 flag 判断是否查询到记录。

思考 1：如何保存结果？

思考2：如果需要追加签到内容，用何种方法进行添加？

如图 5-18 所示。

	A	B	C	D
1	学号	姓名		
2	0001	张三		
3	0002	李四		
4	0003	王五		
5				
6				
7				
8				
9				

图 5-18

◆实践练习

综合案例：计算体重指数

任务说明：利用 Python 处理记录身高、体重的电子表格，并设计体重指数计算过程，结果输出在另一个文件中。具体操作如图 5-19 和图 5-20 所示。

宋江	170	90
花荣	174	70
扈三娘	167	42
林冲	181	78
王英	162	70

图 5-19

```
jieguo.txt - 记事本
文件(F)  编辑(E)  格式(O)  查看(V)  帮助(H)
宋江      170    90    31.141868512110726    小胖贼，注意控制体重
花荣      174    70    23.120623596247853    标准体重，继续保持
扈三娘    167    42    15.059700957366703    臭美过了吧，加强营养啊
林冲      181    78    23.80879704526724     标准体重，继续保持
王英      162    70    26.672763298277697    小胖贼，注意控制体重
```

图 5-20

1. 关键技术要点和思路

① .csv 文本文件的使用：Excel 另存为文本文件。

②获取文本中的所有内容：open、read。

③获取文本中每一行的内容：[宋江，170，90]。

④提取身高、体重的数据：列表元素遍历。

⑤进行体重指数运算：字符串转数字进行数学运算。

⑥结果判定：多分支结构。

⑦将结果返回需要的字符串：字符串格式整理。

⑧将新的字符串写入文件：文件的写入。

2. 具体实现步骤

（1）csv 文本文件的使用

另存为 .csv 文件 (转存方法略)。

（2）获取文本中的所有内容（图 5–21）

```
1  f=open("体重指数.csv","r")
2  a=f.read()
3  print(a)
```

宋江, 170, 90
花荣, 174, 70
扈三娘, 167, 42
林冲, 181, 78
王英, 162, 70

图 5–21

（3）获取每一行的数据（图 5–22）

```
1  l=a.splitlines() #(以行为分解，创建列表)
2  print(l)
```

['宋江, 170, 90', '花荣, 174, 70', '扈三娘, 167, 42', '林冲, 181, 78', '王英, 162, 70']

图 5–22

（4）获取逐条记录信息（图 5–23）

```
1  for i in range(0, len(l)):
2      jieguo="" #需要判定
3      BMI=0 #需要计算
4      t=l[i].split(",") #每循环一次，对应一个列表
5      print(t)
```

['宋江', '170', '90']
['花荣', '174', '70']
['扈三娘', '167', '42']
['林冲', '181', '78']
['王英', '162', '70']

图 5–23

（5）计算 BMI 指数（图 5–24）

$$BMI=int(t[2])/int(t[1])/int(t[1])*10000$$

图 5–24

（6）进行结果判定，并追加记录

（7）格式化需要的文本数据

①将每行记录合并，形成新的列表（图 5-25）

```
for i in range(0,len(1)):
    jieguo=""#需要判定
    BMI=0 #需要计算
    t=l[i].split(",")#利用列表可以获取记录中的相应数值
    BMI=int(t[2])/int(t[1])/int(t[1])*10000
    if BMI<18.5:
        jieguo="加强营养"
    elif BMI<=25:
        jieguo="标准体重"
    elif BMI<=32:
        jieguo="控制体重"
    else:
        jieguo="超重严重！"
    t.extend([str(BMI),jieguo])
    wenjian.append(t)
    print(t)
```

图 5-25

为了写入文件，需要创建一个新的列表，方法如下：

```
wenjian=[ ]# 用于最后写入文件的列表
wenjian.append（t）
```

结果如图 5-26 所示。

```
['李逵', '170', '90', '31.141868512110726', '控制体重']
['林冲', '180', '70', '21.60493827160494', '标准体重']
['扈三娘', '167', '42', '15.059700957366703', '加强营养']
['燕青', '181', '78', '23.80879704526724', '标准体重']
['王英', '162', '90', '34.29355281207133', '超重严重！']
```

图 5-26

②将列表内容转换成文本信息（图 5-27、图 5-28）

```
s=""
for i in range(0,len(wenjian)):
    for j in range(0,len(wenjian[i])):
        s=s+wenjian[i][j]+"\t"
    s=s+"\n"
print(s)
```

李逵	170	90	31.141868512110726	控制体重
林冲	180	70	21.60493827160494	标准体重
扈三娘	167	42	15.059700957366703	加强营养
燕青	181	78	23.80879704526724	标准体重
王英	162	90	34.29355281207133	超重严重！

图 5-27

图 5-28

完整程序如图 5-29 所示。

```
f=open("体重指数.csv","r")
a=f.read()
l=a.splitlines()#(以行为分解，创建列表)
wenjian=[]#用于最后写入文件的列表
for i in range(0,len(1)):
    jieguo=""  #需要判定
    BMI=0  #需要计算
    t=1[i].split(",")#利用列表可以获取记录中的相应数值
    BMI=int(t[2])/int(t[1])/int(t[1])*10000
    if BMI<18.5:
        jieguo="加强营养"
    elif BMI<=25:
        jieguo="标准体重"
    elif BMI<=32:
        jieguo="控制体重"
    else:
        jieguo="超重严重！"
    t.extend([str(BMI),jieguo])
    wenjian.append(t)
#    print(t)
s=""
for i in range(0,len(wenjian)):
    for j in range(0,len(wenjian[i])):
        s=s+wenjian[i][j]+"\t"
    s=s+"\n"
print(s)
#写入文件
f=open("d:\\jieguo.txt","w")
f.write(s)
f.close()
```

图 5-29

四、异常处理

在数据输入/输出的过程中，报错是不可避免的现象。尤其是在人机交互时，当出现输入的程序错误而无法执行的现象时，就会出现不可避免的麻烦。在这种情况下，我们需要考虑在程序中添加容错机制和报警机制，使程序在面临问题时自动继续运行，保证没有问题的数据执行，同时要对错误数据进行信息反馈和相应的处理。这就是程序异常处理的主要作用。

1. 异常的概念

基本描述：程序发生错误被捕捉，输出相关的错误信息，并终止程序。

异常分类：语法错误（Synatx Error）、运行时错误（Run Time Error）、逻辑错误（Logic Error）。

异常处理：程序对异常进行处理，包括程序内置异常处理器处理、自制异常处理代码。

2. 捕获异常的基本语法结构

捕获异常：为了更好地理解和回避错误，程序员为用户提供的一种人工编制的处理异常的方式。通过异常捕获的方式，可以处理常见的错误，如利用数据类型的内容判断识别输入/输出错误。最常见的是检验输入的内容是否为数字。

例：检验输入的内容是否均是数字，如图 5-30 所示。

```
1   #程序异常处理
2   try:
3       a=float(input("请输入一个数字"))
4   except:
5       print("请检查您输入的是数字吗？")
6   else:
7       print("您输入的数字是",a)
```

请输入一个数字t
请检查您输入的是数字吗？

图 5-30

重点说明：

①有可能发生异常的语句放在 try 子句块中。

② except：捕捉匹配处理异常的语句。确定异常的名称，若省略，则处理所有错误。

③当未发生错误的时候，执行 else 子句块中的语句。

◆实践练习

教学案例：利用异常完善三角形面积求解问题

①确定三个边长为数字——异常处理。

②确定三边构成一个三角形——条件判断。

③持续输入，直到构成一个正确的三角形，输出面积程序结束——循环控制。

如图 5-31 所示。

```
1   import math
2   while True:
3       try:
4           a=float(input("请输入a的数值"))
5           b=float(input("请输入b的数值"))
6           c=float(input("请输入c的数值"))
7
8
9       except:
10          print("输入数据有误，请输入数字")
11      else:
12          if a+b>c and abs(a-b)<c:
13              break
14          else:
15              print("您输入的三边长度无法构成三角形，请重新输入")
16  s=(a+b+c)/2
17  area=math.sqrt(s*(s-a)*(s-b)*(s-c))
18  print("三角形的面积是",round(area,2))
```

图 5-31

五、流程控制

1. 内容概述

（1）程序的三大结构

顺序结构：从上至下执行语句；结构清晰，按顺序执行。

分支结构：根据不同条件执行不同的语句。

循环结构：按照一定的条件，重复执行某些语句。

（2）常见的程序结构

三大结构通常结合使用，构成程序主体，以下面程序代码为例：

```
L=[]
for i in range(0,101):# 设置循环体
    if i%2==0:# 条件判定
        print(i," 是偶数 ")# 输出每次循环执行结果
        L.append(i)# 数据运算
print("0 到 100 之间的偶数是 ",L)# 输出最终结果
```

2. 程序的分支结构（表 5-2）

表 5-2

结构名称	语法结构	应用举例
单分支结构	if 条件： 条件成立代码	if a>=10: print（" 数值超出范围 "）
双分支结构	if 条件： 条件成立代码 else： 条件不满足	if a>=10: print（" 您输出的数值超出范围 "） else： print（" 范围正确 "）

多分支结构	if 条件 1：
	条件成立代码
	elif 条件 2：
	条件成立代码
	else：
	条件都不满足
		if BMI<18.5:
		jieguo=" 臭美过度了吧，加强营养啊 "
		elif BMI<=25:
		jieguo=" 标准体重，继续保持 "
		elif BMI<=32:
		jieguo=" 小胖贼，注意控制体重 "
		else：
		jieguo=" 已经成球了，赶紧减肥吧！ "
		t.extend（[str(BMI),jieguo]）

3. 循环结构

（1）for 循环的使用

① for 循环应用场合。

程序运行之前设定好循环的次数。在程序运行过程中，按照预定的次数进行运行，在不存在过多的退出和变更循环次数的时候使用，使用起来相对机械。

② for 循环基本格式。

```
for 迭代变量 in 字符串、系列或迭代器：
        循环体
else：
        退出时执行语句
```

通常情况下，else 可以省略，退出时，执行语句与 for 对齐即可。

③ for 循环常用结构。

```
for 迭代变量 in 字符串、系列或迭代器：
    if 表达式：
            执行语句
else：
    退出时执行语句
```

应用举例：

```
for  i  in  range（1,11）：
  if  i%2==0：
    print（i," 是偶数 "）
  else：
    print（i," 是奇数 "）
```

（2）while 循环

① while 循环的应用场合。

满足条件时进入循环，不满足时退出。

② while 循环基本格式。

```
while  循环条件：
        循环体
else：
循环结束后语句
```

应用举例：

```
a=input（" 请输入一个数字 "）
while  a!="#"：
  if  int（a）%2==0：
    print（a," 是偶数 "）
  else：
    print（" 是奇数 "）
  a=input（" 请输入一个数字 "）
else：
  print（" 输入结束 !"）
```

③无限循环和退出循环。

无限循环：即死循环，在没有判定条件下会无限执行操作。

案例：

```
while  1：
  print（i）
```

```
    i=i+1
    if i==10:
       break
```

说明：

while 后面可以填写不为 0 的数字、True、表示为"真"的变量。

（3）退出循环的两种方法

①使用 break 直接跳出循环。

②退出该次循环：continue。

```
i=0
while i<=10:
    i=i+1
    if i==5:
       continue
    print（i）
```

第六讲　函数

一、函数的概述

函数是一段具有特定功能的、可以重复使用的语句组，用函数名来表示，并通过函数名进行功能的调用。在 Python 程序设计中，函数的使用至关重要。

1. 关于函数的思考

不同教材会从不同的途径和角度去描述函数的概念，可以重点从如下四个方面进行体会：

①完成独立功能的一段代码，可以被其他程序所调用。

②函数是一段子程序。

③具有特定功能的代码，便于阅读和复用。

④对特定表达式的封装过程。

2. 函数与面向过程的问题解决

在面对比较复杂的问题时，通过函数的应用，可以减少代码的复用，可以在需要的地方进行调用，不需要在每个需要执行相同功能的地方重复编写语句。这种模块化地解决问题的思想提升了我们解决问题的效率。

以机器人走迷宫为例，我们的设计方法如下：

需要什么功能：寻线策略、触碰策略。

如何实现功能：

寻线——光敏传感器获取数值，做出反应。

触碰——触碰传感器数值变化，做出反应。

如何应用功能：主程序——机器人行进中根据条件调用相关的功能，依次调用触碰和寻线操作。

3. 函数的作用

从函数的使用功能上，函数的应用具有如下三个比较典型的功能：

①软件复用：避免代码重复，程序精炼。

②功能分隔，模块化、结构化。

③特殊功能，算法应用——递归算法。

4. 函数的使用方法

Python 语言中，函数的应用主要包括内建函数（标准程序中自带的函数）、模块调用（Python 程序中可以使用的工具包和模块，部分来自标准程序，部分是第三方工具导入后使用）和自定义函数（自主编写，用于程序实现）三大类应用场合。

①内建函数：函数名（对象）。例如：open（file）、print（"你好"）、input（"请输入"）。

②调用模块：模块名 . 函数名（对象）。例如：math.sqrt（ ）。

③自定义函数：编写函数，引入后调用。

二、自定义函数的使用

Python 中使用 def 保留字定义相关函数，语法形式如下：

def<函数名>（<参数列表>）：

<函数体>

return<返回值列表>

其中，当函数需要返回值时，需要使用 return 保留字返回函数的处理结果。

函数在调用和执行过程时，利用函数名（对象）完成调用，具体语法形式如下：

<函数名>（<列表参数>）

●案例

求解数学基本难问题：

```
def ftoc（f）:                #利用 def 定义函数名
    jieguo=（f-32）*5/9             #def 缩进后的内容为函数体
    return jieguo              #return 后面的内容为函数的返回值
a=input（"请输入华氏温度："）         #主程序和函数体并列，退格键实现
jieguo=ftoc（int（a））
print（jieguo）               #函数名（具体参数值）参数值进入函数运算
```

●上机练习

1. 简单数学函数编写

编写一个求圆面积的函数：要求函数部分实现求解圆的面积的功能。主程序部分完成键盘输入半径值、调用函数计算面积的操作。

2. 自定义函数解决实际问题

一段程序中可以有多个函数，函数体中可以调用函数，函数中可以没有返回值。

◆实践练习

教学案例：打印选课单

请完成如图 6-1 所示的选课单。

张三 您好！恭喜您选课成功
****
李四 您好！恭喜您选课成功
****
消息打印完毕

图 6-1

（1）常规方法

根据输出的具体内容分别打印，包括两个选课人员姓名、"消息打印完毕"字样、分隔线等内容。

```
num1=" 张三 "
num2=" 李四 "
print(num1," 您好！恭喜您选课成功 ")
print("*"*30)
print(num2," 您好！恭喜您选课成功 ")
print("*"*30)
print(" 消息打印完毕 ")
```

请思考：这样做会有什么样的问题？

（2）函数解决思路

将打印人名、打印消息、打印分隔线分解成三个小功能，根据通知单的要求进行调整与组合。

```
def fengexian( ):# 打印分隔线，不带参数
    print("*"*30)
def xuanke(uname):# 打印姓名及对应的通知
    print(uname," 您好！恭喜您选课成功 ")
    fengexian( )# 一个函数体中可以调用另一个函数体
def jieshu( ):# 显示结果信息
    print(" 消息打印完毕 ")
xuanke(" 张三 ")
xuanke(" 李四 ")
jieshu （ ）
```

进阶任务：利用键盘或文件输入多个选课教师姓名，一次性打印通知单

1. 核心问题分析

利用函数输出一个列表值。

2. 技术实现途径

①利用列表作为函数的参数。

②获取多个输入值的方法：s.split( )方法。

③获取列表中所有数据的方法：for i in l。

如图 6-2 所示。

```
1  #练习：利用列表作为函数的形参，设计函数
2  def xuanke(l):
3      s=""#用于记录结果
4      for i in l:
5          s=s+i+"恭喜您选课成功啦"+"\n"
6      return s
7  name=input("请输入选课教师姓名，逗号隔开")
8  l=name.split()
9  print(xuanke(l))
```

图 6-2

3. 深入思考：如何限定选课人数？

思路提示：先报名先使用原则，切片法提取数据。

利用随机模块随机抽取。

◆ 实践练习

教学实践：石头剪刀布

1. 算法分析（表 6-1）

表 6-1

计算机		玩家		
		石头	剪刀	布
	石头	平	赢	输
	剪刀	输	平	赢
	布	赢	输	平

结果见表 6-2。

数学规律：（玩家 - 计算机 +4）%3-1

表 6-2

计算机		玩家		
		石头 1	剪刀 2	布 3
	石头 1	平 =0	赢 <0	输 >0
	剪刀 2	输 >0	平 =0	赢 <0
	布 3	赢 <0	输 >0	平 =0

2. 技术实现分析

①将石头、剪刀、布转换成对应的编码（1、2、3）。

②计算机自动生成内容。

③用户的输入与转码。

　　④对结果进行判定。

　　⑤输出判定结果。

3. 主要代码实现

（1）将石头、剪刀、布转换成对应的编码（1、2、3）——运算

```
bianma={'石头':1,'剪刀':2,'布':3}
```

（2）计算机自动生成内容

①计算机输出什么——逻辑上。

```
jisuanji=random.sample(["石头","剪刀","布"],1)# 生成的内容是列表
```

②转换成编码。

```
computer=bianma[jisuanji[0]]   # 为什么要用 jisuanji[0]?
```

（3）用户的输入与转码

```
user=input("请输入石头、剪刀、或布：")
bianma[user]
```

（4）对结果进行判定

```
panduan=(bianma[user]−computer+4)%3−1
if panduan<0:
    jieguo="恭喜您，您赢了！"
elif panduan==0:
    jieguo="也不错，打平了"
else:
    jieguo="很遗憾，您输了"
```

（5）输出判定结果

①告诉用户计算机输出内容。

```
print("电脑输入的是"jisuanji[0])
```

②显示结果。

```
print(jieguo)
```

完整程序如图 6-3 所示。

```
1  import random
2  bianma={'石头':1,'剪刀':2,'布':3}#构建一个字典
3  user=input("请输入石头、剪刀、或布：")
4  jisuanji=random.sample(["石头","剪刀","布"],1)
5  computer=bianma[jisuanji[0]]
6  panduan=(bianma[user]-computer+4)%3-1
7  if panduan<0:
8      jieguo="恭喜您，您赢了！"
9  elif panduan==0:
10     jieguo="也不错，打平了"
11 else:
12     jieguo="很遗憾，您输了"
13 print("电脑输入的是",jisuanji[0])
14 print(jieguo)
```

图 6-3

程序的进一步改进：

①利用函数优化代码。

②三局两胜制的实现。

如图 6-4 所示。

```
#三局两胜的实现（未编写两胜条件）
import random
bianma={'石头':1,'剪刀':2,'布':3}#构建一个字典
i=1
jilu=0
while i<=3:
    user=input("请输入石头、剪刀、或布: ")
    jisuanji=random.sample(["石头","剪刀","布"],1)
    computer=bianma[jisuanji[0]]
    panduan=(bianma[user]-computer+4)%3-1
    if panduan<0:
        jieguo="恭喜您，您赢了! "
        jilu=jilu+1
    elif panduan==0:
        jieguo="也不错，打平了"
    else:
        jieguo="很遗憾，您输了"
    print("电脑输入的是",jisuanji[0])
    print(jieguo)
    i=i+1
if jilu>=3:
    print("您一共赢了",jilu,"次","恭喜您赢得了比赛")
else:
    print("您一共赢了",jilu,"次","很遗憾您最终输掉了比赛")
```

图 6-4

三、自定义函数使用小结

自定义函数在使用过程中，原则上要遵循如下两点：

1. 函数的定义过程

①函数定义的格式：def 函数名（参数序列）。

②参数可有可无，多个参数间用逗号分隔。

③定义函数无先后顺序。

④参数为形参，在运行过程中，参数的值会被具体值（实参）替换。

⑤注意冒号与缩进。

⑥函数值可以生成返回值（不是必需）。

2. 函数的调用过程

①函数体只有在调用的时候才会被执行。

②函数以语句形式调用——不带返回值函数 fengexian（）。

③函数以表达式形式调用——带返回值函数 a=circle（r）。

④函数可以接受自身和其他函数的调用。

⑤函数的调用也可以作为另一个调用函数的实际参数出现。

四、参数的使用与传递

函数调用过程中，除了语法格式外，对参数也有具体的要求和相应的注意事项。

1. 使用的一般要求

①实参数量与形参数量相一致：

def bijiao（a,b）   a=bijiao（3,2,1）

②调用时要考虑实参的数据类型是否满足函数运算条件。

③允许在定义时候使用默认值。

例如：

```
def denglu（a=" 请输入用户名 "）:
  print（a）
denglu（" 王飞 "）
denglu（）
```

如图 6-5 所示。

王飞
请输入用户名

图 6-5

④调用时实参位置关系。

位置参数：按先后顺序对应到函数的参数。

关键字参数：根据对应关键字关联参数。

判断图 6-6 所示代码中哪行程序无法运行。为什么会出现这样的结果？

```
1  #参数的运行及其调用关系？哪条语句会报错？
2  def shengao(uname,stature):
3      print(uname,":",stature/100,"米")
4  shengao("张三",180)
5  shengao(165,"李四")
6  shengao(stature=175,uname="王五")
```

图 6-6

2. 参数传递的一般过程

实际参数如果是一般类型变量，仅仅向函数提供数值，在函数中进行的修改不会影响该变量的值——值的传递。如图 6-7 所示。

```
1  def f (a):
2      a=round(a, 2)
3      return(a)  #保留两位小数
4  a=3.1415926
5  b=f (a)
6  print("b=", b)
7  print("a=", a)
```

```
b= 3.14
a= 3.1415926
```

图 6-7

将列表对象作为函数参数时，函数对列表的操作可能改变函数外的列表值——地址传递。如图 6-8 所示。

```
1  #参数间的传递关系: 列表变化，列表值传递地址，函数中的操作可能会使列表发
2  def xuanke(l):
3      l.append("周伯通")
4      print(l)
5  s=["黄药师","欧阳锋","洪七公","段智兴"]
6  xuanke(s)
7  print(s)
```

```
['黄药师', '欧阳锋', '洪七公', '段智兴', '周伯通']
['黄药师', '欧阳锋', '洪七公', '段智兴', '周伯通']
```

图 6-8

3. 局部变量和全局变量的使用

局部变量：在函数体中使用的变量，不允许在函数外或另一个函数体中使用。一旦函数体内的变量在未经全局声明的情况先放到函数体外，则程序会意外报错。如图 6-9 所示。

```
1  def jiafa(a, b):
2      c=a+b
3      return c
4  s=jiafa(3, 5)
5  print(c)
```

图 6-9

全局变量：在所有函数体外定义的变量。利用 global 定义，在函数和主程序中使用。如图 6-10 所示。

```
1   num=0#记录输出的次数
2   def shuchu():
3       global num #使用全局变量
4       num=num+1
5       print("*"*num)
6   for i in range(0,3):
7       shuchu()
8   print("您一共调用函数",num,"次")
```

```
*
**
***
您一共调用函数 3 次
```

图 6-10

4. 常用的两个编写函数的技巧：lambda 函数和 map 函数

（1）lambda 函数

定义：匿名函数，当函数仅仅使用一次时，无须使用 def 关键字定义，可以匿名操作。

方法：f=lambda< 参数序列 >: 表达式   f（参数值）

案例：求相反数。

```
f=lambda x:0-x
a=float（input(" 请输入 a 的数值 "）)
print（a," 的相反数是 ", f（a））
```

（2）map 函数

定义：对指定的函数序列做映射。

方法：map（函数名，参数列表）

函数名定义映射的规则。

案例：求列表数据开平方数值，并转换成对应的列表。

```
def square(x):
    jieguo=x**2
    return  jieguo
f=list(map(square,[2,4,6,8]))# 求 2,4,6,8 的平方，3.0 版本后需要加 list 显示结果
print(f)
```

结果如图 6-11 所示。

```
[4, 16, 36, 64]
```

图 6-11

◆实践练习

一、lambda 函数的应用

利用 lambda 函数和 map 函数结合，编写函数计算多个 x^y，其中 x、y 的值需要通过键盘输入。

技术要点：

①编写 lambda 函数（指定映射函数的规则）。

②键盘批量输入 x、y 的数值（可以分别批量输入）。

③转换成列表。

④列表中的数据类型转换为数值。

⑤利用 map 函数导入列表。

⑥输出最终结果。

如图 6-12 所示。

```
1   #练习: x´y
2   f=lambda x,y:x**y
3   x=input("请输入您需要x的值，按空格区分")
4   y=input("请输入您需要y的值，按空格区分")
5   x=x.split() #转换成列表
6   y=y.split()
7   for i in range(0,len(x)): #将列表元素转换成数值型数据
8       x[i]=int(x[i])
9       y[i]=int(y[i])
10  s=list(map(f,x,y)) #利用map函数构建结论映射
11  print(s)
12
```

图 6-12

二、自动生成成绩单

使用键盘输入姓名和成绩，生成成绩通知单。如图 6-13 所示。

```
请输入姓名王飞
请输入成绩70
王飞 老师您好！
您的成绩为 70

'恭喜您,成绩合格,允许毕业！'
```

```
def jieguo(uname,uresult):
    jieguo=""
    print(uname,"老师您好！")
    print("您的成绩为",uresult)
    if uresult>=60:
        jieguo="恭喜您,成绩合格,允许毕业！"
    else:
        jieguo="非常遗憾,下学期我们还得继续见面"
#   print(jieguo)
    return jieguo
uname=input("请输入姓名")
uresult=int(input("请输入成绩"))
jieguo(uname,uresult)
```

图 6-13

三、利用函数完成对身份证文件的批量检验

（1）关键技术要点

①自定义函数——见前面身份证校验算法。

②读取文件。

```
f_path=" 路径 "
data=xlrd.open_workbook(f_path)
table = data.sheet_by_name('Sheet1')
```

③遍历 Excel 文件中身份证相关数据。

```
for i in range(1,table.nrows )
```

④获取身份证信息。

```
s=table.cell(i,0).value
```

⑤进行判定。

```
panding(s)
```

⑥结果生成。

```
jilu=jilu+table.cell(i,0).value+"\t"+table.cell(i,1).value+"\n"
```

（2）完整程序

如图 6-14 所示。

```
import xlwt
import xlrd
def panding(s):
    jianyan={'0':'1','1':'0','2':'X','3':'9','4':'8','5':'7','6':'6','7':'5','8':'4','9':'3','10':'2'} #创建对应的字典
    l=(7,9,10,5,8,4,2,1,6,3,7,9,10,5,8,4,2) #创建校验位计算的变量
    jisuan=0
    flag=True #默认身份证返回值正确
    for i in range(0,len(l)):
        jisuan=jisuan+int(s[i])*l[i]
    qiuyu=jisuan%11
    if jianyan[str(qiuyu)]==s[17]:
        flag=True
    else:
        flag=False
    return flag
#主程序: 调用文件进行判定
f_path="d://身份证.xlsx"
data=xlrd.open_workbook(f_path)
jilu="" #用于存储结果
# print("打开文件成功")
table = data.sheet_by_name('Sheet1')
for i in range(1,table.nrows): #遍历身份证所有记实、逐算判断、生成字符串
    s=table.cell(i,0).value
    if panding(s)==False: #输出不符合条件的身份证
        jilu=jilu+table.cell(i,0).value+"\t"+table.cell(i,1).value+"\n"
print(jilu)
```

图 6-14

五、函数的重要算法——递归算法

1. 递归算法的概念

递归：函数定义过程中调用自身的方式。这就像一个人站在镜子前，看到的影像都是递归的结果。通过递归，可以帮助计算机非常简洁地解决某些重复的问题。如图 6-15 所示。

图 6-15

2. 对递归算法的理解

递归的过程是将一个同类型问题，从小问题入手转化为复杂问题的方法。实际过程中体现在用近似的方法描绘事物的重复过程。

递归的关键在于两点：递推，由最初的函数表达式向前递推，直到找到可寻的基例；回归，在找到初始值的情况下，向回推导，完成关系式的运算。

两个核心概念——基例和递归链。

基例：确定的表达式或操作，无须递归求解答案。

递归链：要以一个或多个基例为结尾。

以从前有座山为例，如图 6-16 所示。

```
1   #初识递归
2   def story(n):
3       if n==1:
4           print("从前有座山，山里有座庙，庙里有个和尚讲故事，讲了什么故事呢？")
5       else:
6           print("从前有座山，山里有座庙，庙里有个和尚讲故事，讲了什么故事呢？")
7           story(n-1)
8   story(10)
9
10
```

```
从前有座山，山里有座庙，庙里有个和尚讲故事，讲了什么故事呢？
从前有座山，山里有座庙，庙里有个和尚讲故事，讲了什么故事呢？
从前有座山，山里有座庙，庙里有个和尚讲故事，讲了什么故事呢？
从前有座山，山里有座庙，庙里有个和尚讲故事，讲了什么故事呢？
从前有座山，山里有座庙，庙里有个和尚讲故事，讲了什么故事呢？
从前有座山，山里有座庙，庙里有个和尚讲故事，讲了什么故事呢？
从前有座山，山里有座庙，庙里有个和尚讲故事，讲了什么故事呢？
从前有座山，山里有座庙，庙里有个和尚讲故事，讲了什么故事呢？
从前有座山，山里有座庙，庙里有个和尚讲故事，讲了什么故事呢？
从前有座山，山里有座庙，庙里有个和尚讲故事，讲了什么故事呢？
```

图 6-16

3. 利用递归求解数学问题——阶乘问题

例如：

4!=4*3*2*1

①创建数学表达式：

$$F(n)= \begin{cases} 1,n=0 \\ n \times F(n-1),n \geq 0 \end{cases}$$

②分析推导式，如图 6-17 所示。

$F(4) = 4 \times F(3)$ 　　　　递归阶段

　　　$F(3) = 3 \times F(2)$

　　　　　$F(2) = 2 \times F(1)$ 　终止条件

　　　　　　　$F(1) = 1$

　　　　　　　$F(2) = 2 \times 1$ 　回归阶段

　　　　　$F(3) = 3 \times 2$

$F(4) = 4 \times 6$ 　　　　递归完成

图 6-17

③完成递归表达程序，如图 6-18 所示。

```
1  #函数的递归过程——阶乘
2  def jiecheng(n):
3      if n==0:
4          jieguo=1
5      else:
6          jieguo=n*jiecheng(n-1)
7
8      return jieguo
9  n=int(input("请输入n的值"))
10 jiecheng(n)
```

图 6-18

◆**实践练习**

一、兔子繁殖问题——斐波那契数列（具体搜索网站资料）

数列：（0，1，1，2，3，5，8，13，21，34，55，89，144）

规律：当 n>1 时，f（n）=f（n-1）+f（n-2）。

如图 6-19 所示。

```
1  #函数的递归—斐波那契数列: 兔子问题
2  def f(n):
3      if n==0:
4          jieguo=0
5      elif n==1:
6          jieguo=1
7      else:
8          jieguo=f(n-1)+f(n-2)
9      return jieguo
10 n=input("请输入您需要查看的月数")
11 n=int(n)
12 f(n)
```

图 6-19

二、利用函数递归完成字符串的反转操作

如图 6-20 所示。

```
1   #字符串反转操作
2   def fanxiang(s):
3       if s=="":
4           jieguo=s
5       else:
6           jieguo=fanxiang(s[1:len(s)])+s[0]
7       return jieguo
8   s=input("请输入需要转换的文本")
9   fanxiang(s)
10
```

图 6-20

三、汉诺塔问题

1.问题描述

若给汉诺塔传说中三根柱子分别用英文字母 a、b、c 命名，其中只有 a 柱子摆放 n 片圆盘（$1 \leq n \leq 100\,000$），若要把 a 柱子上的所有圆盘转移到 c 柱子上，问最少需要移动多少次圆盘。移动圆盘的规则如下：

①每次只能移动一片圆盘。

②直径大的圆盘必须摆放在直径小的圆盘之上。

图例演示如图 6-21 所示。

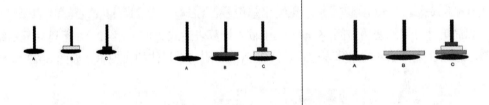

图 6-21

2.解决问题的过程描述

思想方法：由起始柱（begin）通过中间柱（buffer）将盘子全部移动到目标柱（goal）。

具体操作：

①将第 n-1 个盘子由起始柱（begin）通过目标柱（goal）移动到中间柱（buffer）。

②将第 n 个盘子由起始柱（begin）移动到目标柱（goal）。

③将第 n-1 个盘子由中间柱（bufer）通过起始柱（begin）移动到目标柱（goal）。

基例：n=1 时，盘子由起始柱（begin）移动到目标柱（goal）。

3.程序的问题解决

汉诺塔的实现如图 6-22 所示。

```
1  #函数的递归——汉诺塔
2  z=0
3  def hannuota(n,begin,buffer,goal):
4      global z
5      if n==1:#基例的描述
6          print(begin,"→",goal)
7          z=z+1
8      else:
9          hannuota(n-1,begin,goal,buffer)#n-1个盘子挪向缓冲区
10         print(begin,"→",goal)#第n个盘子挪向目标去
11         z=z+1
12         hannuota(n-1,buffer,begin,goal)#缓冲区盘子挪向目标区
13  n=input("请输入汉诺塔的层数")
14  hannuota(int(n),"A","C","B")
15  print("共移动步数为",z)
```

图 6-22

六、常用的内置函数

内置函数是指在 Python 语言运行时就可以直接引入并使用的函数命令，它们不需要导入外部的模块或者安装其他组件，使用的方法是采用函数名（对象）的形式。

1. 常用的函数——语法元素函数

语法元素函数主要是指和输入 / 输出相关的函数，这些函数可以在字符串和 Python 语言之间进行相互的转化。

input 函数：uname=input（"请输入您的姓名"）。

print 函数：print（uname）。

eval 函数：将用户输入的简单语句转换成 Python 表达式（单行）。

eval（'print（"您好"）'）# 语句间用单引号标注

以简单计算器的使用为例，在输入框中输入计算表达式，如 5+6、4*2 等，运行后显示结果。其核心思路在于将输入的运算表达式转换成 Python 语句。具体的实现思路如图 6-23 所示。

```
1  #eval函数
2  #eval: 将用户输入的简单语句转换成Python表达式（单行）
3  eval('print("您好")')#单引号之间输入input语句
4  s=input("请输入运算表达式")
5  print(eval(s))
6  jieguo=eval(s)
7  print("该表达式运算结果为",jieguo)
8
```

您好
请输入运算表达式4+6
10
该表达式运算结果为 10

图 6-23

2. 数值运算函数

数值运算函数主要承担各类计算和数值判断的任务，同时还能在计算中保留小数等操作，见表 6-3。

表 6-3

函数	描述	举例
absa（x）	求 x 的绝对值	abs（-2）=2
pow（x,y[.z]）	(x**y)%z，其中 z 可省略，等同于乘方运算	pow（3,2）=9

续表

函数	描述	举例
round（x,[,n]）	对 x 四舍五入，保留 n 位小数	round（3.1415926, 2）=3.14
max（x1,x2,x3,…,xn'）	求出最大值，参数可以为列表，n 没有限制	max（[1,2,3,4,5]）=5
min（x1,x2,x3,…,xn'）	求出最小值，参数可以为列表，n 没有限制	min（[1,2,3,4,5]）=1

以保留两位小数为例，函数的使用方法如图 6-24 所示。

```
1  #保留两位小数的方法一  抓换字符进行切片
2  a="3.1415926"
3  a=a[0:4]
4  print(a)
5
```

3.14

```
1  #round函数—四舍五入
2  a=3.1415926
3  a=round(float(a),2)
4  print(a)
5
```

3.14

图 6-24

◆实践练习

集合数据中常用的函数——以设计游戏项目为例

案例名称：游戏设计——武将武力值讨论

①创建武将武力信息——构建字典。

data=dict（关羽 =98, 张飞 =97, 赵云 =99, 马超 =96, 黄忠 =94，法正 =20）

②将武将信息和武力值进行区分——两个对象。

name=list（data.keys（））

force=list（data.values（））

③统计武将武力的平均值——sum 函数的使用。

average=sum（force）/len（force）

print（average）

④筛选最强和最弱武将。

核心技术：

重构字典，将键与键值交换位置，生成新字典：

new_dic=dict(zip(force,name))

备注：zip 函数——对应元素打包，生成新的对应序列。

如图 6-25 所示。

```
1    #zip函数的使用
2    name=["托尼斯塔克","史蒂芬罗杰斯","索尔"]
3    nickname=["钢铁侠","美国队长","雷神"]
4    zuhe=list(zip(name,nickname))
5    print(zuhe)
```

[('托尼斯塔克', '钢铁侠'), ('史蒂芬罗杰斯', '美国队长'), ('索尔', '雷神')]

图 6-25

技巧：zip 函数，对象中对应元素打包。

● s=zip（a,b），生成一个对象，a 中各元素要和 b 中各元素逐一对应。

● 3.x 版本后输出结果必须在前面加入类型，一般采用 list 或 dict。

b. 找出最强者和最弱者——max 函数与字典关联。

no_1=new_dic[max（force）]

⑤武将大排序。

force=sorted（force）

paixu=[ ]

for i in force:

　　paixu.append（new_dic[i]）

print（paixu）

如图 6-26 所示。

```
1    #拓展任务：武力值排队
2    data=dict(关羽=98,张飞=97,赵云=99,马超=96,黄忠=94,法正=20)#创建武将字典
3    name=list(data.keys())      #提取列表中的关键字(姓名)
4    force=list(data.values())#提取列表中的数值(对应的武力值)
5    average=sum(force)/len(force)
6    new_dic=dict(zip(force,name))#利用zip元素将武力值和姓名进行对应,形成新的字典 假设武力值不等
7    new_dic=dict(zip(force,name))#输出新的字典
8    no_1=new_dic[max(force)]#去除武力值的最大值作为新字典的关键字
9    force=sorted(force)#武力值排序
10   paixu=[]#创建一个新列表,根据新排序的武力值,提取列表中的元素,形成新的列表
11   for i in force:
12       paixu.append(new_dic[i])
13   print(paixu)
14
15
```

['法正', '黄忠', '马超', '张飞', '关羽', '赵云']

图 6-26

几点说明：

①排序方法：

sorted（ ）　　l.sort(reverse=Ture)

升序默认，不用填写。

②使用 sorted 函数，原列表不发生变化。

③调用 sort 方法的时候，原列表会发生改变。

第七讲 模块

一、模块概述

在学习函数的基础上，可以进一步理解模块及其功能。浅显来讲，模块就是一个 .py 文件，当模块导入程序后，文件中提供的大量函数可以供用户使用。

1. 模块的定义

模块：模块是一个 .py 文件，包含常量和函数代码（数据类型定义、类）等，为其他程序所调用。

2. 模块概念辨析

为了了解模块的概念，首先要明确三个问题：

第一，模块与一般程序的关系。

第二，模块与函数的关系。

第三，模块和库之间的区别。

与一般程序文件（.py）相比，模块文件主要用来被其他程序调用。与一般函数的区别在于模块中包含程序、数据类型以及相关类的定义。至于库（包），则表示模块的集合。通过包将一组模块和一个初始化文件（_init_.py 文件）做整合。

3. 模块的三种呈现形式——按作用分类

①内置模块：运行 Python 时，系统自定义导入，为系统提供了大量的内置函数。

②非内置模块：需要手动导入的模块，包括 Python 中提供的标准模块（随 Python 发布的，程序运行时直接导入）以及第三方模块（需要先安装，再导入）。

③自定义模块：用户以文件的形式填充相应的模块。

4. 模块的导入技巧

模块的导入主要有三种方法，具体可以看如下三个例子：

①利用 import 导入模块，通过模块名称 . 方法（或属性）使用相应功能。

```
import math
math.sqrt（4）
```

② 利用 from 关键字导入模块的部分功能，可以直接作为程序的内部函数进行使用。

```
from math import *
sqrt（4）
```

③利用 as 关键字将模块重命名，重命名后通过新名字可以调用模块的功能。

```
import numpy as np
```

二、常用的模块及其应用

（1）random 模块——随机数与随机字符模块

①应用方法（表 7-1）。

表 7-1

应用方法	描述	举例	备注
random.random()	生成一个 0~1 的随机小数	a=random.random()	
random.randint(a,b)	生成一个指定范围内的整数	n=random.randint(3,5)	a<=n<=b
random.uniform(a,b)	生成一个指定范围内的随机浮点数	x=random.uniform(3,4) y=random.uniform(4,3)	无须考虑上下限
random.choice(序列对象)	随机选定序列中的一项	l=[1,3,5,7,9] name=random.choice(l)	
random.sample(系列 ,k)	随机截取长度为 k 的片段	L-new=random	

②导入：import random。

◆ **实践练习**

教学案例：挑选上课学生

在众多报名选课的学生中，随机挑选出上课的学生。

①输入选课同学名单——键盘、文件。

②显示所有选课同学信息——输出列表或字符。

③设定选课人数——键盘输入一个数值。

④选定名单——人数超过限度，随机选取；人数低于限度，全员录取。

如图 7-1 所示。

```
1   import random
2   def xuanke(l,k):
3       if k>=len(l):
4           l_new=l
5       else:
6           l_new=random.sample(l,k)
7       return l_new
8   s=input("请输入选课学生姓名，逗号分隔")
9   l=s.split()
10  print("选课人名单为","\n",l)
11  k=int(input("请输入课程需要的人数"))
12  xuanke(l,k)
13  print("录取人名单为","\n",xuanke(l,k))
```

图 7-1

● **案例引申：**

随机模块的引用——模拟相关环节

①随机组合题库。

②随机点名系统。

③随机口算题。

④指标车摇号。

⑤猜数字游戏。

⑥21 点游戏。

⑦石头剪刀布游戏。

（2）os 模块

调用操作系统相关功能，实现对文件的管理（表 7-2）。

表 7-2

应用方法	描述
os.name	获取当前平台信息
os.getcwd( )	获取当前脚本工作的路径
os.listdir(path)	返回指定目录下的所有文件和目录
os.chdir(path)	改变当前路径
os.makedirs(path)	创建新的目录
os.removedirs(path)	删除空目录
os.system()	运行 Shell 命令

利用 os 模块可以读取相关文件的信息，从而对文件的内容进行进一步操作，这是一个在进行文件管理时常用的技巧。

◆ **实践练习**

案例：读取指定文件中的所有文件内容

如图 7-2 所示。

```
#os模块的使用
import os
path=os.listdir("d:\\读取文件")
print(path)
s=""
for  i in path:
    new_path="d:\\读取文件"+"\\"+i
    f=open(new_path,"r")
    s=s+f.read()+"\n"
    f.close()
print(s)
```

图 7-2

思考：os 模块的使用方向。

①批量处理 Excel 文件。

②批量处理文本文件。

③批量写入文件。

......

◆**实践练习**

教学案例——利用 os 模块获取微信所有好友的头像

任务要求：将所有微信好友的头像存储到计算机中。

技术要点：

①获取微信头像。

②打开文件夹。

③将文件写入文件夹下。

④遍历文件夹下所有文件。

如图 7-3 所示。

```
import itchat
import os
itchat.auto_login(hotReload=True) #扫码登陆,括号中参数表示一段时间不需要再次扫码登陆
friends=itchat.get_friends(update=True)
path="d:/haoyou"
os.makedirs(path)
num=0
for i in friends:
    img=itchat.get_head_img(userName=i.UserName) #根据用户名称获取所有头像数据
    fimg=open(path+"/"+str(num)+".jpg","wb")
    #为每个头像图片创建文件,以序号命名
    fimg.write(img)
    fimg.close()
    num=num+1
print(num)
print(os.listdir(path))
```

图 7-3

第八讲　面向对象

一、类的概述

在第二讲中，通过面向对象的方法论我们已经了解了事物的抽象过程。Python 语言面向对象的特色无论是在语法的使用还是在编程的方法探索上，都体现得淋漓尽致。

在一个复杂的程序设计中，我们通常要采用抽象的方法对客观的对象进行建模和设计。通常要考虑类、属性、方法三个要素。具体如图 8-1 所示。

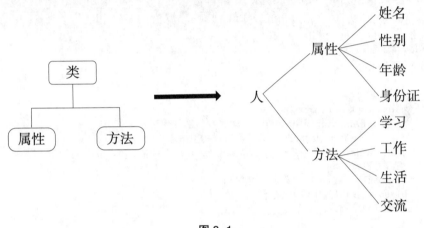

图 8-1

①类：客观事物的抽象，描述对象的具体属性和实现该类共同行为的方法。
②属性：描述对象的静态特征的数据。
③方法：描述动态特征的操作。
在操作的具体环节，我们需要关注如下三点，后续会有实际案例进行探究。
①创建一个对象类：对象各要素的抽象描述与定义。
②创建一个具体对象：通过创建类的对象，描述一个具体事例的属性。
③指定对象完成具体操作：调用对象可以使用的方法，完成具体操作。

二、自定义类创建的一般方法

1. 属性与方法描述构建——定义和创建类的过程

创建一个类的基本过程是对客观事物的抽象过程。要明确三个问题：这是一个什么类？这个类具有哪些属性？这个类可以完成哪些操作？下面通过一个具体案例来体会类的创建和使用过程。

◆**实践练习**

创建一个图书类

```
#类的定义
class book:# class+ 类名 + 冒号
    def show(self,bname):# 构建函数描述属性和方法
        self.name=bname
        print(" 书名是 :",self.name)#self 代表对象实例，name 是属性
#类的调用过程
b1=book()# 创建对象，类名（参数）
b1.show(" 射雕英雄传 ")# 对象 . 方法
print(b1.name)
```

如图 8-2 所示。

```
#类的定义
class book:# class+类名+冒号
    def show(self,bname):#构建函数描述属性和方法
        self.name=bname
        print("书名是:",self.name)#self代表对象实例，name是属性
#类的调用过程
b1=book()#创建对象，类名（参数）
b1.show("射雕英雄传")#对象.方法
print(b1.name)
```

图 8-2

◆**实践练习**

类的初始化

```
#类的初始化
class book:
    def __init__(self,name):# 两个 name 不一样，__init__(self, 参数序列 ) 是固定用法，前
后双下划线
        self.name=name
    def show(self):
        print(" 书名是 ",self.name)
b1=book(" 射雕英雄传 ")# 创建后立即执行
b1.show() 直接调用属性和方法
```

如图 8-3 所示。

```
#类的初始化
class book:
    def __init__(self,name):#两个name不一样，__init__(self，参数序列)是固定用法.
        self.name=name
    def show(self):
        print("书名是",self.name)
b1=book("射雕英雄传")#创建后立即执行
b1.show()直接调用属性和方法
```

图 8-3

三、定义类时的难点——类变量和成员变量及其作用域

1. 类变量

①被成员对象集体共享。

②考虑变量的生存周期，修改保存后会反映到所有对象中。

③修改方法：类名 . 变量名。

2. 成员变量

被自己对象所拥有，不影响其他对象。

以图书类为例，如下面程序所示：

```
class book:
    number=0
    def __init__（self,name）:#两个 name 不一样
        self.name=name
        book.number=book.number+1
    def show（self）:
        print（" 书名是 ",self.name," 书号是 ",self.number）
b1=book（" 射雕英雄传 "）
b1.show（）
b2=book（" 神雕侠侣 "）
b2.show（）
b1.show（）
```

如图 8-4 所示。

```
书名是 射雕英雄传 书号是 1
书名是 神雕侠侣 书号是 2
书名是 射雕英雄传 书号是 2
```

图 8-4

思考：将 book.number 换成 self.number 的结果是什么？

◆**实践练习**

操作实践：模拟一个简易图书管理系统，要求可查询、可操作、可添加书籍、可借阅。如图 8-5 所示。（说明：该项目管理权限没有界定，没有使用数据库保存记录，可以作为拓展内容。）

图 8-5

逻辑关系整理，如图 8-6 所示。

图 8-6

执行步骤：

（1）创建书籍管理

①初始化属性：书名、借阅状态、借阅人。

②借阅状态用 0、1 表示。

③借阅的信息可以使用方法调用。

如图 8-7 所示。

```python
class book:
    def __init__(self, name, state, username):
        self.name=name
        self.state=state
        self.username=username
    def send(self):
        if self.state==0:
            jieguo="可以借阅"
        else:
            jieguo="该书借阅中"
        return jieguo
```

图 8-7

（2）初始化管理系统

①运行时系统中有书。

②构建成员列表元素。

③成员变量控制书籍。

④添加的内容为 book 对象。

如图 8-8 所示。

```
1  class books:
2      books=[]#存储书籍
3      def init(self):#初始购买书籍
4          self.books.append(book("笑傲江湖",0,""))
5          self.books.append(book("书剑恩仇录",0,""))
6          self.books.append(book("神雕侠侣",0,""))
```

图 8-8

（3）生成菜单

①初始状态调用初始化过程。

②处于循环体中。

③分支结构调用不同方法。

④利用 break 退出循环。

如图 8-9 所示。

```
self.books.append(book("神雕侠侣",0,""))
def menu(self):
    self.init()
    while 1:
        print("1.查询书籍状态")
        print("2.借阅书籍")
        print("3 添加新书")
        print("4.退出")
        chose=int(input("请输入"))
        if chose==1:
            self.showbooks()
        if chose==2:
            self.sendbooks()
        if chose==3:
            self.insertbooks()
        if chose==4:
            break
```

请输入 [   ]

1.查询书籍状态
2.借阅书籍
3 添加新书
4.退出

图 8-9

（4）显示所有书单

①使用 self.books 获取每一本书的对象（book）。

②显示每本书的信息，调用 book 类中的方法完成操作。

如图 8-10 所示。

```
def showbooks(self):
    print("书名", "\t", "借阅状态", "\t", "借阅人")
    for i in self.books:

        print (i.name, "\t", i.send(), i.username)
```

```
书名        借阅状态          借阅人
笑傲江湖     可以借阅
书剑恩仇录   可以借阅
神雕侠侣     可以借阅
1.查询书籍状态
2.借阅书籍
3 添加新书
4.退出

请输入 [                                      ]
```

图 8-10

（5）完成借阅过程

①修改书籍列表中每本书的书籍状态。

②判断书籍是否存在，并修改 state 值。

③输出消息。

如图 8-11 所示。

```
def sendbooks(self):
    username=input("请输入您的姓名")
    name=input("请输入书名")
    for i in self.books:
        if i.name==name and i.state==0:
            i.username=username
            i.state=1
            print(username, "恭喜您, 借阅成功！")
```

图 8-11

（6）添加书籍

①键盘输入。

②形成列表。

③在列表中添加书目对象。

如图 8-12 所示。

```
            print(username, 恭喜您, 借阅成功！")
def insertbooks(self):
    s=input("请输入您需要添加的书名，按空格分开")
    new_books=s.split()
    for  i in new_books:
        self.books.append(book(i, 0, ""))
    print("添加数目成功")
```

8-12

（7）添加主程序实现

在主程序中完成对方法的调用，如图8-13所示。

图 8-13

四、图形化框架的应用

除了自定义类以外，更多的情况下我们需要用到模块中涉及的对象类工具进行相应的操作与设计，这时，需要了解类的具体参数与操作过程。

图形框架可视为图形领域一组基类与应用类之间的交互。Python中默认工具集为Tkinter，其提供了15个窗口控件类（窗体、按钮、菜单、标签、画布……），通过调用、创建完成窗体程序的交互。

图形化框架开发的过程：设计界面、编写事件、创建关联并调试程序。

◆**实践练习**

教学案例：图形化程序游戏——猜拳游戏

如图 8-14 所示。

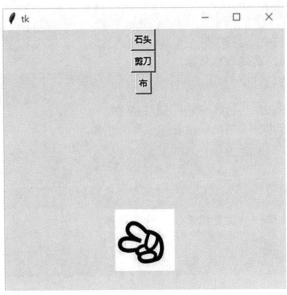

图 8-14

分解任务一：完成界面的搭建

界面的搭建需要考虑需要使用的控件，并能够在窗体中进行呈现。有条件和能力的老师可以考虑界面的布局、排版，甚至可以利用代码进行美化操作。

基本要求和技术实现：

①库的导入。

```
from tkinter import*
```

②对象创建。

a. 窗体的创建：

```
root=Tk（）#先创建窗体
```

b. 按钮和标签对象的创建：

```
kaishi=Button（root,text=" 开始 "）
lb=Label（root,width=400,height=400）
```

③导入一张图片——图片对象创建。

```
myimage=PhotoImage（path）#path 为图片路径
lb=Label（root,width=400,height=400,image=myimage）
```

④进入事件循环（显示窗体）。

```
lb.pack（）
root. mainloop（）
```

分解任务二：间断随机变换图像

①设置好文件路径，从而方便进行随机读取。

```
path="d:\\caiquan"
l_name=["1.gif","2.gif","3.gif"]
```

②读取图片文件，创建随机对象。

```
p_name=random.sample（l_name,1）[0]
myimage=PhotoImage（file=path+"\\"+p_name）
```

③标签中装载图片——不断修改 image 属性过程。

```
lb.config（image=myimage）
lb.pack（）
root.update（）
```

④不间断循环过程——设置标记位，触发循环。

```
flag=True
while flag:
```

整体上的程序运行如图 8-15 所示。

```
1  #只让图片动起来，其他不无操作
2  from tkinter import *
3  import random
4  flag=True
5  root=Tk()
6  lb=Label(root,width=400,height=400)#用于动态显示石头剪刀布
7  shitou=Button(root,text="石头")
8  shitou.pack()
9  jiandao=Button(root,text="剪刀")
10 jiandao.pack()
11 bu=Button(root,text="布")
12 bu.pack()
13 path="d:\\caiquan"
14 l_name=["1.gif","2.gif","3.gif"]#1石头  2剪刀   2 布
15 while flag:
16     p_name=random.sample(l_name,1)[0]
17     myimage=PhotoImage(file=path+"\\"+p_name)
18     lb.config(image=myimage)
19     lb.pack()
20     root.update()
21 root.mainloop()
22
```

图 8-15

分解任务三：利用按钮进行比试

①创建事件函数。

```
def stone（ ）：
    global flag
    flag=False
```

②事件与控件对象进行关联。

```
shitou=Button（root,text=" 石头 ",command=stone）
```

③利用标记退出循环，显示图像。

如图 8-16 所示。

```
#利用按钮返回电脑的最终结果 显示在标签中
from tkinter import *
import random
def stone():
    global flag
    flag=False
def scissorx():
    global flag
    flag=False
def cloth():
    global flag
    flag=False
flag=True
jieguo=0
root=Tk()
lb=Label(root,width=400,height=400)#用于动态显示石头剪刀布
# lb1=Label(root)#用于储存结果
shitou=Button(root,text="石头",command=stone)
shitou.pack()
jiandao=Button(root,text="剪刀",command=scissors)
jiandao.pack()
bu=Button(root,text="布",command=cloth)
bu.pack()
path="d:\\caiquan"
l_name=["1.gif","2.gif","3.gif"]#1石头  2剪刀   2 布
while flag:
    p_name=random.sample(l_name,1)[0]
    myimage=PhotoImage(file=path+"\\"+p_name)
    lb.config(image=myimage)
    lb.pack()
    root.update()
else:
    jisuanji=p_name
root.mainloop()
```

图 8-16

分解任务四：进阶——添加"开始"按钮控制系统

如图 8-17 所示。

```
from tkinter import *
import random
def start():
    global flag
    flag=True
    global p_name
    while flag:
        p_name=random.sample(l_name,1)[0]
        myimage=PhotoImage(file=path+"\\"+p_name)
        lb.config(image=myimage)
        lb.pack()
        root.update()
    else:
        jisuanji=p_name
    root.mainloop()
```

图 8-17

下一步优化：

①显示结果。

②记录次数。

③三局两胜。

第九讲　数据分析

一、数据分析概述

对于 Python 语言的初学者而言，科学计算和可视化是需要进行探究的一个重要环节。如何批量处理结构化的数据以及如何将数据进行可视化是用户经常关注的重点问题。本讲将介绍使用 Python 语言进行数据处理的基本思想方法和思路，学习数据处理中常用的工具的使用方法。

1.数据分析

数据分析是指用适当的统计分析方法对收集来的大量数据进行分析，通过提取有用信息形成结论，从而对数据进行详细研究和概括总结的过程。

2.pandas 工具

pandas 是基于 Numpy 的一种工具，该工具是为了解决数据分析任务而创建的。pandas 纳入了大量库和一些标准的数据模型，提供了高效地操作大型数据集所需的工具。pandas 提供了大量能使我们快速、便捷地处理数据的函数和方法。

你很快就会发现，它是使 Python 成为强大而高效的数据分析环境的重要因素之一。对于该工具包，我们可以做如下理解：

①数据分析包，为解决数据分析问题而创建。

②大量数据库和标准数据模型，提供高效地操作数据集所需工具。

③提供大量快速处理数据的函数和方法。

④字典形式数据，基于 Numpy 创建。

二、pandas 使用基础简介

1.pandas 的核心结构——Series 和 DateFrame

不少专业人士将 pandas 称为 Python 版 Excel，用来描述 pandas 在处理数据上的解决思路和操作上的相似程度。我们也确实可以借鉴 Excel 一些基本的操作技巧与方法，如对批量数据的排序、分类汇总等。

作为第一步，首先要了解 pandas 的两个基本数据单位：Series 和 DateFrame。

（1）Series 数据

①一组数据以及由一组相关数据标签组成的数据。

②两个核心概念：数值和索引。

让我们来看下面一个例子，如图 9-1 所示。

```
1  #pandas的基本数据形式：
2  import pandas as pd
3  s1=pd.Series([35,12,12,3])
4  s1
5
```

```
0    35
1    12
2    12
3     3
dtype: int64
```

```
5  print(s1.index)
6  print(s1.values)
```

```
RangeIndex(start=0, stop=4, step=1)
[35 12 12  3]
```

图 9-1

除了上述操作外，通常还会考虑数据的具体意义，以及如何将它们进行合理的表示。因此，要考虑数据的构造方法。

方法 1：列表构造法（图 9-2）

```
7  s1=pd.Series([35,12,12,3],
8  index=["得分","篮板","助攻","抢断"])
9  print(s1)
```

```
得分    35
篮板    12
助攻    12
抢断     3
dtype: int64
```

```
10  print(s1.index)
11  print(s1.values)
```

```
Index(['得分', '篮板', '助攻', '抢断'], dtype='object')
[35 12 12  3]
```

图 9-2

方法 2：字典转换法（图 9-3）

```
d=dict(得分=35,篮板=12,助攻=12,抢断=3)
s1=pd.Series(d)
print(s1)
print(s1.index)
print(s1.values)
```

> 将字典直接转化成 Series，键对应 index，键值对应 values。

图 9-3

（2）DateFrame 数据

①核心概念：表格形式结构，包含一组序列，每列可以是不同的值类型。

②构造方法：列表、字典相组合，列表存储数据（列数据），字典关键字表示表头。如图 9-4 所示。

	姓名	得分	篮板	助攻	抢断
0	詹姆斯	35	12	12	2
1	库里	30	3	7	1
2	哈登	38	8	10	0

```
1  name=["詹姆斯","库里","哈登"]
2  point=[35,30,38]
3  lanban=[12,3,8]
4  zhugong=[12,7,10]
5  qiangduan=[2,1,0]
6  data=dict(姓名=name,得分=point,篮板=lanban,助攻=zhugong,抢断=qiangduan)
7  s2=pd.DataFrame(data)
8
```

图 9-4

③具体方法总结：

a. 索引值系统默认为数字。

b. 列表构建每一列数据。

c. 列名为字典的关键字。

d. 记录使用字典和列表嵌套的方式呈现。列名为关键字，键值对应列表变量。

◆**实践练习**

教学案例：詹姆斯生涯分析

任务概述：

分析詹姆斯从 2003 年到 2019 年的数据，分析其在得分、篮板、助攻、抢断等方面的数据。

操作要点：

①通过 pandas 构建数据对象，导入数据。

②获取表格相关信息。

③选择需要的数据。

④利用函数对数据进行运算。

⑤分类汇总。

⑥数据简单的可视化操作——折线图和柱状图制作。

技术实现：

（1）导入数据——通过 read_csv 方法创建数据对象

```
# 显示数据
import pandas as pd
```

```
import numpy as np
import matplotlib.pyplot as plt# 画图库
path="d:\\1.csv"
data=pd.read_csv(path,engine='python')# 创建数据集，engine="python" 解决中文导入
错误问题。
```

如图 9-5 所示。

	赛季	球队	出场	首发	时间	命中	三分	罚球	进攻篮板	防守篮板	总篮板	助攻	抢断	盖帽	失误	犯规	得分
0	2003-2004	骑士	79	79	3122	622-1492	63-217	347-460	99	333	432	465	130	58	273	149	1654
1	2004-2005	骑士	80	80	3388	795-1684	108-308	477-636	111	477	588	577	177	52	262	146	2175
2	2005-2006	骑士	79	79	3361	875-1823	127-379	601-814	75	481	556	521	123	66	260	181	2478
3	2006-2007	骑士	78	78	3190	772-1621	99-310	489-701	83	443	526	470	125	55	250	171	2132
4	2007-2008	骑士	75	74	3027	794-1642	113-359	549-771	133	459	592	539	138	81	255	165	2250
5	2008-2009	骑士	81	81	3054	789-1613	132-384	594-762	106	507	613	587	137	93	241	139	2304
6	2009-2010	骑士	76	76	2966	768-1528	129-387	593-773	71	483	554	651	125	77	261	119	2258
7	2010-2011	热火	79	79	3063	758-1485	92-279	503-663	80	510	590	554	124	50	284	163	2111
8	2011-2012	热火	62	62	2326	621-1169	54-149	387-502	94	398	492	387	115	50	213	96	1683
9	2012-2013	热火	76	76	2877	765-1354	103-254	403-535	97	513	610	551	129	67	226	110	2036

图 9-5

（2）获取表格中的行列信息

```
print（data.shape）# 显示行列信息
hang=data.shape[0]
lie= data.shape[1]
print（" 该数据表的行数为 "，hang）
print（" 该数据表的列数为 "，lie）
```

如图 9-6 所示。

```
(16, 17)
该数据表的行数为 16
该数据表的列数为 17
```

图 9-6

（3）通过行列操作获取数据

①以行为单位。

```
data.head(n=1)
```

如图 9-7 所示

	赛季	球队	出场	首发	时间	命中	三分	罚球	进攻篮板	防守篮板	总篮板	助攻	抢断	盖帽	失误	犯规	得分
0	2003-2004	骑士	79	79	3122	622-1492	63-217	347-460	99	333	432	465	130	58	273	149	1654

图 9-7

```
data.head（n=3）# 返回几行的数据
```

如图 9-8 所示。

	赛季	球队	出场	首发	时间	命中	三分	罚球	进攻篮板	防守篮板	总篮板	助攻	抢断	盖帽	失误	犯规	得分
0	2003-2004	骑士	79	79	3122	622-1492	63-217	347-460	99	333	432	465	130	58	273	149	1654
1	2004-2005	骑士	80	80	3388	795-1684	108-308	477-636	111	477	588	577	177	52	262	146	2175
2	2005-2006	骑士	79	79	3361	875-1823	127-379	601-814	75	481	556	521	123	66	260	181	2478

图 9-8

```
data.head（n=1）["得分"]
```

如图 9-9 所示。

```
Out[11]:  0     1654
          Name: 得分, dtype: int64
```

图 9-9

②以列为单位获取数据。

```
data["得分"] # 单列以 series 结构显示
```

如图 9-10 所示。

```
0     1654
1     2175
2     2478
3     2132
4     2250
5     2304
6     2258
7     2111
8     1683
9     2036
10    2089
11    1743
12    1920
13    1954
14    2251
15     268
Name: 得分, dtype: int64
```

图 9-10

data[[" 得分 "," 总篮板 "]]# 返回多列参数使用列表

如图 9-11 所示。

	得分	总篮板
0	1654	432
1	2175	588
2	2478	556
3	2132	526
4	2250	592
5	2304	613
6	2258	554
7	2111	590
8	1683	492
9	2036	610
10	2089	533
11	1743	416
12	1920	565
13	1954	639
14	2251	709
15	268	76

图 9-11

③行列的混排——loc 与 iloc 的使用。

loc：以标签值为关键字搜索，选取相应的行内容——loc[标签][列名]。

iloc: 通过行和列所在的索引位置进行搜索。

如图 9-12 所示。

赛季	2004-2005
球队	骑士
出场	80
首发	80
时间	3388
命中	795-1684
三分	108-308
罚球	477-636
进攻篮板	111
防守篮板	477
总篮板	588
助攻	577
抢断	177
盖帽	52
失误	262
犯规	146
得分	2175

图 9-12

loc 用法案例：

data.loc[1]

print（data.loc[1][" 球队 "]）

如图 9-13 所示。

图 9-13

data.loc[2:4]　data.loc[[2,3,4]]

如图 9-14 所示。

	赛季	球队	出场	首发	时间	命中	三分	罚球	进攻篮板	防守篮板	总篮板	助攻	抢断	盖帽	失误	犯规	得分
2	2005-2006	骑士	79	79	3361	875-1823	127-379	601-814	75	481	556	521	123	66	260	181	2478
3	2006-2007	骑士	78	78	3190	772-1621	99-310	489-701	83	443	526	470	125	55	250	171	2132
4	2007-2008	骑士	75	74	3027	794-1642	113-359	549-771	133	459	592	539	138	81	255	165	2250

图 9-14

iloc 用法案例：

print（data.iloc[1]）

如图 9-15 所示。

```
赛季          2004-2005
球队                骑士
出场                80
首发                80
时间              3388
命中         795-1684
三分          108-308
罚球          477-636
进攻篮板            111
防守篮板            477
总篮板             588
助攻              577
抢断              177
盖帽               52
失误              262
犯规              146
得分             2175
Name: 1, dtype: object
骑士
```

图 9-15

print（data.iloc[1][" 球队 "]）

如图 9-16 所示。

骑士

图 9-16

data.iloc[2:4]

如图 9-17 所示。

	赛季	球队	出场	首发	时间	命中	三分	罚球	进攻篮板	防守篮板	总篮板	助攻	抢断	盖帽	失误	犯规	得分
2	2005-2006	骑士	79	79	3361	875-1823	127-379	601-814	75	481	556	521	123	66	260	181	2478
3	2006-2007	骑士	78	78	3190	772-1621	99-310	489-701	83	443	526	470	125	55	250	171	2132

图 9-17

data.iloc[2:4,1:3]

如图 9-18 所示。

	球队	出场
2	骑士	79
3	骑士	78

图 9-18

（4）统计分析

①描述性统计分析——数据的频数分析、集中趋势分析、离散程度分析、分布。

print（data.describe（））

如图 9-19 所示。

```
             出场         首发          时间         进攻篮板       防守篮板
count   16.000000   16.000000    16.000000    16.000000    16.000000
mean    72.062500   72.000000  2790.625000    87.125000   443.562500   530.687500
std     17.256762   17.247222   708.042077    28.471916   120.369968   141.579998
min     10.000000   10.000000   351.000000     8.000000    68.000000    76.000000
25%     74.750000   74.000000  2773.500000    78.750000   431.750000   517.500000
50%     76.500000   76.500000  2996.000000    95.500000   468.000000   560.500000
75%     79.000000   79.000000  3077.750000   100.750000   507.750000   596.500000
max     82.000000   82.000000  3388.000000   133.000000   612.000000   709.000000

             助攻         抢断          盖帽         失误          犯规
count   16.000000   16.000000    16.000000    16.000000    16.000000
mean   517.812500  117.625000    55.937500   249.875000   133.375000  1956.625000
std    144.985157   32.495897    20.843764    65.690055    37.355722   506.428261
min     77.000000   17.000000     7.000000    32.000000    21.000000   268.000000
25%    483.500000  113.500000    49.000000   247.000000   124.250000  1875.750000
50%    530.000000  123.500000    53.500000   260.500000   137.500000  2100.000000
75%    579.500000  129.250000    68.000000   272.250000   152.500000  2250.250000
max    747.000000  177.000000    93.000000   347.000000   181.000000  2478.000000
```

图 9-19

②字段间的简单运算——通过运算表达式添加列内容。

任务：增加一列，求解赛季场均得分。

```
data[" 场均得分 "]=data[" 得分 "]/data[" 出场 "]
```

引申任务：还能求解什么呢？如平均篮板、抢断等。

解决方法：记录集的求和与平均。

```
total_point=data[" 得分 "].sum（）＃计算生涯总得分
total_cc=data[" 出场 "].sum（）＃计算生涯总出场 average_point=total_point/total_cc
shiwu=data[" 失误 "].sum（）
average_shiwu=shiwu/total_cc
print（" 总得分为 ",total_point）
print（" 总出场为 ",total_cc）
print（" 场均得分为 ",average_point）
print（" 场均失误率为 ",average_shiwu）
```

如图 9-20 所示。

```
总得分为 31306
总出场为 1153
场均得分为 27.15177797051171
场均失误率为 3.4674761491760626
```

图 9-20

③利用统计函数求解问题。

任务分析：求解詹姆斯生涯的高光时刻。

```
max_data={" 得分 ":data[" 得分 "].max( ),
" 篮板 ":data[" 进攻篮板 "].max( ),
"防守篮板 ":data[" 防守篮板 "].max( ),
" 总篮板 ": data[" 总篮板 "].max( ),
" 助攻 ":data[" 防守篮板 "].max( )
    }
xianshi=pd.Series(max_data)
```

如图 9-21 所示。

```
得分          2478
篮板          133
防守篮板        612
总篮板         709
助攻          612
dtype: int64
```

图 9-21

④排序基础。

任务：按场均得分排序。

data.sort_values(axis=0, ascending=True,by=" 场均得分 ")

如图 9-22 所示。

赛季	球队	出场	首发	时间	命中	三分	罚球	进攻篮板	防守篮板	总篮板	助攻	抢断	盖帽	失误	犯规	得分	场均得分
2003-2004	骑士	79	79	3122	622-1492	63-217	347-460	99	333	432	465	130	58	273	149	1654	20.936709
2014-2015	骑士	69	69	2493	624-1279	120-339	375-528	51	365	416	511	109	49	272	135	1743	25.260870
2015-2016	骑士	76	76	2709	737-1416	87-282	359-491	111	454	565	514	104	49	249	143	1920	25.263158
2016-2017	骑士	74	74	2795	736-1344	124-342	358-531	97	542	639	646	92	44	303	134	1954	26.405405
2010-2011	热火	79	79	3063	758-1485	92-279	503-663	80	510	590	554	124	50	284	163	2111	26.721519
2012-2013	热火	76	76	2877	765-1354	103-254	403-535	97	513	610	551	129	67	226	110	2036	26.789474
2018-2019	湖人	10	10	351	96-191	15-52	61-79	8	68	76	77	17	7	32	21	268	26.800000

图 9-22

说明：

a.sort_values：数据排序方法。

b.axis：行（列）之间的数据进行对比，为 0（1）。

c.Ascending：升序或降序。

d.by：以哪个字段为关键字。

⑤分类汇总。

任务：詹姆斯为不同球队效力时的场均得分。

print(data.groupby(" 球队 ")[" 场均得分 "].mean( ))

groupby(分类关键字)[汇总项列标签].运算方法

如图 9-23 所示。

```
球队
湖人    26.800000
热火    26.946506
骑士    27.214569
Name: 场均得分, dtype: float64
```

图 9-23

说明：

a. 以球队为关键字进行分类。

b. 球队名称将作为生成对象的索引值。

c. 场均对分为需要进行运算的列对象。

d. 求平均的方法 mean（ ）。

e. 生成的对象：Series。

（5）图形绘制

任务 1：制作折线图，计算詹姆斯的得分趋势。

如图 9-24 和图 9-25 所示。

```
1  #作图
2  x=pd.date_range("2003","2018",freq="365D")
3  y=data["场均得分"]
4  plt.xlabel("赛季")
5  plt.ylabel("场均得分")
6  plt.plot(x,y)
7  plt.show()
8
```

图 9-24

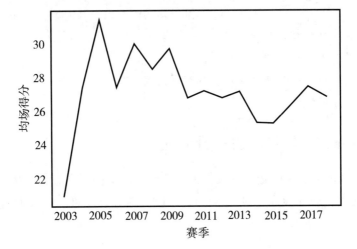

图 9-25

任务2：制作柱状图

代码：

```
#绘制柱状图
x=pd.date_range（"2003","2018",freq="365D"）
y=data["场均得分"]
plt.xlabel（"赛季"）
plt.ylabel（"场均得分"）
plt.bar（x,y,width=200）
plt.show（）
```

如图 9-26 所示。

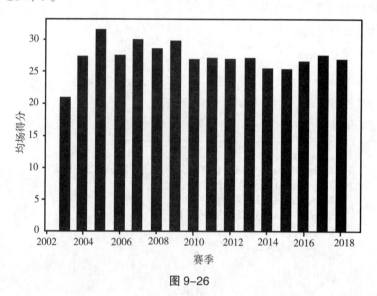

图 9-26

任务拓展：

①获取所有球员的相关数据。

②根据数据画出球员能力的雷达图。

③结合大数据与统计分析预测球员的发展趋势。

④自动完成分析报告。

三、pandas 处理文件的一般方法

还记得前期处理的体重问题吗？操作极为烦琐，从文件到列表，再从列表转换字符，回到文件，中间过程较为复杂。利用 pandas 可以灵活处理文件。让我们直接通过一个实践练习来体会 pandas 的妙用。

◆实践练习

综合任务：利用 pandas 处理体重文件

1. 基本求解思路

①将 csv 文件转换为 pandas 对象。

②利用 pandas 中的方法解决体重指数问题，求解 BMI。

③根据 BMI 指数对结果做出判断。

④将数据对象导出文件。

代码实现：

①添加列过程，如图 9-27 所示。

```
import pandas as pd
import numpy as np
path="体重指数.csv"
data=pd.read_csv(path,engine='python')#创建数据集
pd.read_csv(path,engine='python')
data["BMI"]=data["体重"]/data["身高"]/data["身高"]*10000
data
# data.loc[0,"身高"] = 171
data
```

	姓名	身高	体重	BMI
0	宋江	170	90	31.141869
1	花荣	174	70	23.120624
2	扈三娘	167	42	15.059701
3	林冲	181	78	23.808797
4	王英	162	70	26.672763

图 9-27

②写入判定信息并生成文件，如图 9-28 所示。

```
def panding(BMI):
    if BMI<18.5:
        jieguo="加强营养"
    elif BMI<=25:
        jieguo="标准体重"
    elif BMI<=32:
        jieguo="注意控制体重"
    else:
        jieguo="超重严重！"
    return jieguo
data["结果"]=data.apply(lambda x:panding(x["BMI"]),axis=1)#axis=0沿着行标签执行 axis沿着列标签执行
data
data.to_csv("d:\\结果.csv")
```

	姓名	身高	体重	BMI	结果
0	宋江	170	90	31.141869	小胖贼，注意控制体重
1	花荣	174	70	23.120624	标准体重，继续保持
2	扈三娘	167	42	15.059701	臭美过度了吧，加强营养啊
3	林冲	181	78	23.808797	标准体重，继续保持
4	王英	162	70	26.672763	小胖贼，注意控制体重

```
,姓名,身高,体重,BMI,结果
0,宋江,170,90,31.141868512110726,小胖贼，注意控制体重
1,花荣,174,70,23.120623596247853,标准体重，继续保持
2,扈三娘,167,42,15.059700957366703,臭美过度了吧，加强营养啊
3,林冲,181,78,23.80879704526724,标准体重，继续保持
4,王英,162,70,26.672763298277697,小胖贼，注意控制体重
```

图 9-28

四、文本分析

1. 文本分析概述

文本分析是一种常见的数据分析类型。其通过将文本内容数据化，对其进行一定的分析与呈现。其除了应用于数据领域外，也为自然语言理解提供了一种解决思路。

对于初学者，文本分析首先要掌握的就是词频的统计。它是一切数据来源的基础。有了词频分析，可以对文本进行数据化描述，添加附加的规则，进行高级应用的探究。词频分析整体包括分词、整理、统计、呈现四大步骤，具体如图 9-29 所示。

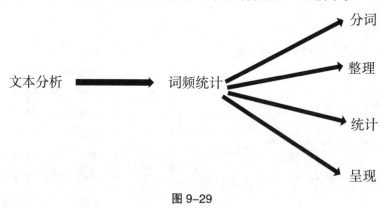

图 9-29

2. 文本分析的一般思路

文本分析主要过程经历如下四步：

（1）分词

将文本内容以词为单位进行分解，从而可以保证对词频进行准确量化。在 Python 语言中，可以使用分词工具如 jieba 库等对文本进行断句和词语组合。

（2）整理核心词库

将文本需要分析的关键词语以及需要处理的文本数据以列表、字典的形式进行存储，并对文本数据进行整理，如去标点、大小写字母转换、正则表达式匹配文本信息等。

（3）统计词频

对出现的词频进行统计，其主要就是一个在循环体中的累加求和运算。核心技术在于如何将不同的词语分门别类地累加和记录。这里核心技术有两点：

第一，利用成员变量运算（in）提取文本信息中的每个词语。

第二，利用字典的 get 方法完成对词频的统计和累加。形式如下：

```
Count[word]=Count.get（word,0）+1
```

（4）文本信息可视化

文本信息可视化主要可以采用词云图，根据文本的词频，通过勾勒词云图得到相关分析的结论。

3. 分词技术——jieba 库

jieba 库：主要功能是给文本文件分词，也可以辅助自定义分词词典，需要进行安装。

jieba 库分词有三种模式：

①精确模式：完整且不重复地返回原始文本。

jieba.lcut（s）

②全模式：输出原始文本中产生的所有问题，冗余性最大。

jieba.lcut（s,cut_all=True）

③搜索引擎模式：先执行精确模式，再对长分词进行切分。

jieba.lcut_for_search（s）

◆实践练习

1. 初识 jieba 库

如图 9-30 所示。

```
1  #jieba库分词的三种模式
2  import jieba
3  s="大家一定好好学习Python"
4  print(jieba.lcut(s))
5  print(jieba.lcut(s,cut_all=True))
6  print(jieba.lcut_for_search(s))
```

```
Building prefix dict from the default dictionary ...
Dumping model to file cache C:\Users\jyzx_\AppData\Local\Temp\jieba.cache
Loading model cost 1.029 seconds.
Prefix dict has been built succesfully.
```

['大家', '一定', '好好学习', 'Python']
['大家', '一定', '定好', '好好', '好好学', '好好学习', '好学', '学习', 'Python']
['大家', '一定', '好好', '好学', '学习', '好好学', '好好学习', 'Python']

图 9-30

2. 实战操作：三国人物分析

基础要求：

①读取三国演义文本。

②设计需要的人物。

③给文本分词。

④遍历查找文本相关内容。

⑤创建字典进行统计。

⑥输出结果。

代码实现，如图 9-31 所示。

```python
import jieba
path="d:\\三国演义.txt"
txt=open(path,"r",encoding="utf-8")
f=txt.read()
words=jieba.lcut(f)
name=["刘备","关羽","张飞","诸葛亮","赵云"]
count={} #存储统计信息
# qita=""
for word in words:
    if  word in name:
        count[word]=count.get(word,0)+1
    else:
        continue
print(count)
```

图 9-31

提问：这样操作有什么问题？

修改和进阶方案，如图 9-32 所示。

图 9-32

反思：如何以文本分析为主题开展项目教学？

分析：了解文本内容，查找相关文本资料，界定主要内容和干扰条件。

设计：关键词库（主要内容）、无关词库、符号库（标点）。

实现：分词、遍历、统计、可视化（词云）。

工具：Python 语言、图悦、极搜客。

第十讲　探寻人工智能技术

一、人工智能教学发展与当前问题

1. 当前主要的人工智能教学内容选择概述

当前中小学人工智能教学处于百花齐放、百家争鸣的状态。在内容选择上，广大中小学教师会从自己熟悉的领域出发，挖掘人工智能技术相关内容。例如，基于专家系统的实践探究、基于机器人教学的开源硬件与创客以及人工智能应用设计、编程技术与人工智能实践案例等。随着技术的不断创新和广大教师对人工智能相关内容理解的逐渐深入，针对人工智能教学中聚焦的内容达成了初步共识：聚焦基于机器学习与以大数据为核心的相关技术，以信息技术学科教学为基础，以发展计算思维为根本任务，引入相关人工智能实践案例的探究。

2. 当前教学中面临的问题

当前教学中，遇到大量亟待解决的问题，这些问题是实际课堂教学中的困境与"短板"。

（1）知识的深度与递进

知识层面由于没有明确的课标，以及人工智能交叉学科的特色，如何把握重点，在中小学教学中如何把握课程的深度，以及在各学段体现不同的梯度，这些问题困扰着不少教师。

（2）原理的解读与分析

教师关注如何在教学中渗透相关的原理知识，如何把握和处理数学难点，如何将信息技术学科的相关内容与人工智能教学中呈现的问题进行平衡与解读。

（3）编程的定位与参与

在技术落地层面，如何利用编程将人工智能相关应用进行复现，将原理可视化呈现，更好地将编程教育和人工智能教学进行结合与呈现，需要教师进一步提高自己的编程技术。

（4）节约成本与普适化

人工智能教学对硬件和软件资源依赖成本较大，如何尽可能地减少教育成本投入，合理使用教育装备，开发具有普适性的教学案例与资源，是摆在每一个人工智能教育工作者面前的问题。

3. 解决问题的方案

通过开源的图形化编程语言或将 Python 与人工智能服务平台相结合，实现对知识点的呈现和简单应用的开发，将内容和技能落地。

二、基于图形化的解决方案

1. 基于图形化平台

当前，大量图形化编程教育平台为人工智能编程实践提供了解决方案，通过积木式的拖拽，调用人工智能服务平台后台，完成相应的人工智能应用指令，大幅度降低了编程实践的难度，为零基础开展人工智能编程应用提供可以尝试的解决方案。其原理如图 10-1 所示。

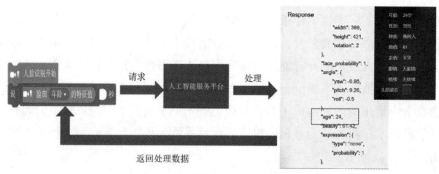

图 10-1

常见的图形化编程工具包括 kittenblock、mind+、编程猫、m-designer 等，每个环境优势各不相同，侧重点有所区别，编程的基本方法都采用积木拖拽式，大同小异。

◆实践练习

M-desinger 体验

任务 1：图形化编程初体验

任务描述：执行动作利用智能模块的判定作为变量参与应用的运算、判定与输出。

使用平台：m-designer。

实现案例，如图 10-2 所示。

图 10-2

任务2：利用自然语言实现控制角色移动

要点：

①自然语言应用通常使用包含运算。

②程序处于持续检测状态，达到条件后结束。

③整体程序结构为循环加判定。

④向右移动为正数，向左移动为负数。

如图10-3所示。

图10-3

任务3：人脸信息识别程序

如图10-4所示。

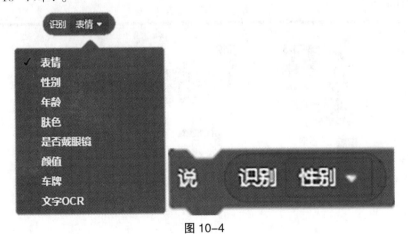

图10-4

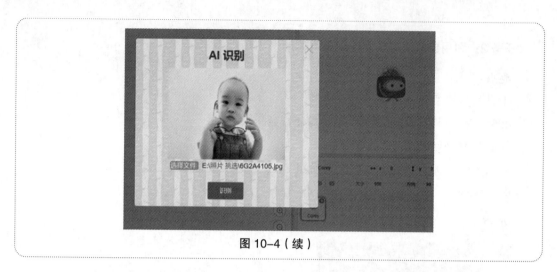

图 10-4（续）

2. 基于编程猫平台的应用（语音合成、机器学习、Python 支持）

如图 10-5 所示。

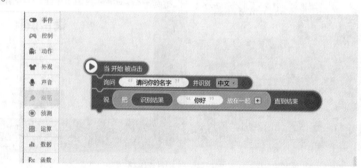

图 10-5

3. 基于在线编程平台的应用：鸿蒙在线编程平台（www.makeredu.net）

如图 10-6 所示。

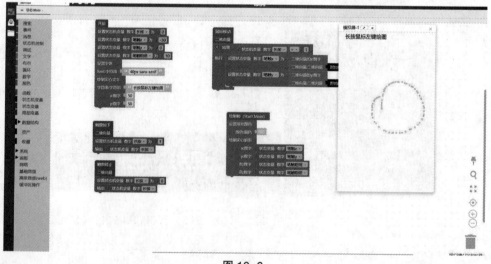

图 10-6

4. 优势与不足

（1）优势

①简单技术体验。

②常用情景复现。

③简单应用开发。

（2）存在的问题

对"智能"的理解处在应用阶段，不足以支撑较为综合的项目开发，平台存在不稳定性，很难做到给用户按需升级。在没有外设参与下很难尽善尽美。

三、基于接口调用的人工智能解决方案

为了完成人工智能更为丰富的操作，通常需要使用代码化编程。对于一般用户而言，可以借鉴图形化编程的思路：积木化编程在于利用积木模块完成与人工智能服务平台的通信，获取指定数据。而利用代码可以使这一内容更加丰富和灵活，这种方法主要是利用与平台提供的接口进行通信解析，利用数据进行功能拓展。下面可以通过几个活动进行简单讨论：

安装下列扩展库：

① requests 库：处理 HTTP 请求，爬虫必用。

② JSON：3.6 版本以后系统自带，整理复杂、高维数据，形成映射结构。

③ BS4 库：解析 HTML 的页面格式，与 requests 结合。

④ baidu-aip：百度人工智能服务平台接口，提供服务。

⑤ OpenCV：视觉处理库，进行图形处理和机器视觉处理。

◆实践练习

活动体验——图灵机器人程序编写

活动内容 1：创建专属图灵机器人

（1）体验图灵机器人网站（http://www.turingapi.com/）

（2）和机器人进行聊天体验

（3）创建一个机器人，并复制 apikey——调用接口服务时必备

如图 10-7 所示。

图 10-7

活动内容 2：网页请求过程体验

如图 10-8 所示。

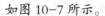

{"code":100000,"text":"你好我好大家好"}

图 10-8

过程分析：

①向服务支持网站 http://www.tuling123.com/openapi/api 发送请求。

②求情过程中传递两个参数：key 为机器人的设备号；info 为和机器人聊天的内容。

③结果返回字典型数据，有两个关键字：code，表示成功；text，返回图灵机器人的文本。

活动内容 3：图灵机器人技术要点分析（表 10-1）

表 10-1

需要解决的问题	解决技术点
如何与网站构建关联	利用 requests 库中的 requests.get 方法关联
如何将参数准确传递	利用 get 方法传递相关参数给网页
如何获取数据	获取返回的数据

活动内容 4：程序实现

如图 10-9 所示。

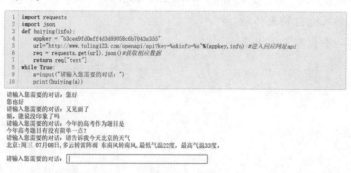

```
1  import requests
2  import json
3  def huiying(info):
4      appkey = "b3cea9fd0aff4d3d89058c6b7043a355"
5      url="http://www.tuling123.com/openapi/api?key=%s&info=%s"%(appkey,info) #进入回应网址api
6      req = requests.get(url).json()#获取相应数据
7      return req["text"]
8  while True:
9      a=input("请输入您需要的对话：")
10     print(huiying(a))
```

请输入您需要的对话：您好
您也好
请输入您需要的对话：又见面了
嗯，能说没印象了吗
请输入您需要的对话：今年的高考作为题目是
今年高考题目有没有简单一点？
请输入您需要的对话：请告诉我今天北京的天气
北京：周三 07月08日，多云转雷阵雨 东南风转南风，最低气温22度，最高气温33度。

请输入您需要的对话：[   ]

图 10-9

活动内容 5：方法总结

①获取网址：request.get(url)。

②传递参数：url 中加参数，包括文本信息、设备信息。

③格式化数据：JSON 格式化获取的对象。

④选取需要值：返回需要的结果——字典的索引 req["text"]。

◆实践练习

活动体验——百度人工智能服务平台

活动内容 1：体验百度人工智能服务平台的人脸识别

人脸识别的基本过程：

①人脸检测：扫描＋判定。

②人脸配准：输出五官关键点坐标。

③特征提取：图像转换为固定长度数值。

④人脸属性识别：关键点比对。

⑤人脸对比：特征值和预留数据库进行比对。

如图 10-10 所示。

图 10-10

活动内容 2：创建百度应用服务

如图 10-11 所示。

图 10-11

活动内容3：读取技术文档

如图 10-12 所示。

图 10-12

关注的内容：

①接口说明。

②接口通信（安装）。

③案例。

④字段说明。

如图 10-13 所示。

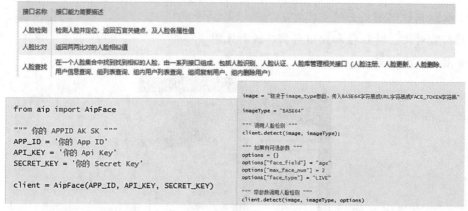

图 10-13

活动内容4：探索技术实现

①构建百度服务平台接口，安装 AIP 库。

```
from aip import AipFace  # 调用库的 AipFace 类进行相关功能应用
import base64    # 编码库，将图片文件按转换成可识别的文件
```

②完成程序与应用间的通信。

```
APP_ID =
API_KEY=
SECRET_KEY=
client = AipFace（APP_ID, API_KEY, SECRET_KEY）
```

如图 10-14 所示。

	应用名称	AppID	API Key	Secret Key
1	人脸对比	14547890	Wysk1yCNyxVS15swwUVCq2HX	Gs5aXssIXPzN4I9nenCIWS8xxa1N2PDC 隐藏

图 10-14

③图片转码和通信请求。

```
image=base64.b64encode(open（'d:\\1.jpg', 'rb'）.read（）).decode（）
image_Type= 'BASE64'
options = { }
options["face_field"] = "age,beauty,gender"# 需要的字段
options["max_face_num"] = 1
options["face_type"] = "LIVE" # 照片为生活照
```

④后续数据获取与处理。

```
result = client.detect(image,image_Type,options)
gender=result["result"]["face_list"][0]["gender"]["type"]# 提取性别信息
if gender=="female":
    jieguo=" 美女 "
else:
    jieguo=" 帅哥 "
```

如图 10-15 所示。

```
{
  'error_code': 0,
  'error_msg': 'SUCCESS',
  'log_id': 3045692321116840021,
  'timestamp': 1543211684,
  'cached': 0,
  'result': {
    'face_num': 1,
    'face_list': [{
      'face_token': '5da2b898ed60e9b
      'location': {
        'left': 144.09,
        'top': 126.61,
        'width': 128,
        'height': 116,
        'rotation': 9
      },
      'face_probability': 1.
          'angle': {
            'yaw': 20.77,
            'pitch': 20.29,
            'roll': -0.54
          },
          'age': 23,
          'beauty': 84.37,
          'gender': {
            'type': 'female',
            'probability': 1
          }
      }]
  }
}
```

图 10-15

⑤程序完整过程与实现。

如图 10-16 所示。

```
1  from aip import AipFace    #天使账号
2  import base64
3  """ 你的 APPID AK SK """
4  APP_ID = '14547890'
5  API_KEY = 'Wyk1yCNyxVSI5swwUVCq2HX'
6  SECRET_KEY = 'Gs5aXss1XPzN419nenC1WS8xxa1N2PDC'
7  client = AipFace(APP_ID, API_KEY, SECRET_KEY)
8  image=base64.b64encode(open('picture\\人脸.jpg', 'rb').read()).decode() #上传图片
9  image_Type = 'BASE64'
10 options = {}
11 options["face_field"] = "age,beauty,gender"
12 options["max_face_num"] = 1
13 options["face_type"] = "LIVE"
14 result = client.detect(image, image_Type, options)
15 print(result["result"]["face_list"])
16 if result["result"]["face_list"][0]["gender"]["type"]=="female": #结果辨别
17     jieguo='美女'
18 else:
19     jieguo='帅哥'
20 score=result["result"]["face_list"][0]["beauty"]
21 age=result["result"]["face_list"][0]["age"]
22 print("检测的照片性别:",jieguo)
23 print("您的颜值得分:",score)
24 print("预计您的年龄",age)
25
```

[{'face_token': 'ccbb07937a1e20c293e92a5db2b0ee26', 'location': {'left': 324.88, 'top': 403.11, 'width': 400, 'height': 421, 'rotation': 2}, 'face_probability': 1, 'angle': {'yaw': -2.18, 'pitch': 9.43, 'roll': -0.35}, 'age': 25, 'beauty': 61.37, 'gender': {'type': 'male', 'probability': 1}}]
检测的照片性别: 帅哥
您的颜值得分: 61.37
预计您的年龄 25

图 10-16

活动内容 5：总结分析与提炼

①在平台上创建应用。

②通过技术文档了解调用方法。

③读数据结构表。

④上传响应数据。

⑤获取结果对象。

⑥格式化结果对象，找出结果中需要的数据。

⑦通过字典和列表之间的嵌套关系，利用索引找到最终需要的数据。

活动拓展：摄像头的引入与人脸对比

1. 摄像技术要点

①调用摄像头。

②捕获摄像头信息。

③存储图片。

```
import cv2
cap = cv2.VideoCapture（0）
while（1）:
    a,frame = cap.read9（）
    print（cap.read（））
    cv2.imshow（"capture", frame）
    if cv2.waitKey（1）& 0xFF == ord（'q'）:
        cv2.imwrite（"d://fangjian2.jpeg", frame）
```

```
        break
cap.release（　）
cv2.destroyAllWindows（　）
```

如图 10-17 所示。

```
[169 166 150]
[169 166 150]
[168 165 149]]
[[227 230 218]
[227 230 218]
[227 230 218]
...
[163 165 146]
[165 166 143]
[165 166 143]]
[[236 237 223]
[235 236 222]
[235 236 222]
...
[171 170 152]
[171 170 152]
[171 170 152]]
[[235 236 222]
[235 236 222]
[233 236 222]]
```

图 10-17

2. 人脸对比的实现

如图 10-18 所示。

```
from aip import AipFace
import json
import base64
""" 你的 APPID AK SK """
APP_ID = '14547890'
API_KEY='Wyzk1yCNyxVS15swwUVCq2HX'
SECRET_KEY='Gs5aXssIXPzN4l9nenCIWS8xxa1N2PDC'

client = AipFace(APP_ID, API_KEY, SECRET_KEY)

result = client.match([
    {
        'image': base64.b64encode(open('d:\\1.jpg', 'rb').read()).decode(),
        'imagetype': 'BASE64'
    },
    {
        'image': base64.b64encode(open('d:\\2.jpg', 'rb').read()).decode(),
        'image_type': 'BASE64'
    }
])
""" 调用人脸比对 """
#result_json=client.match(images)
#print(result_json)
print(result)
```

图 10-18

四、探寻基础技术——爬虫的应用

1. 爬虫的原理

按照一定的规则，自动提取并保存网页中的信息。简单解释就是沿网络抓取猎物（获取信息），通过一个节点之后，沿着该点连线继续前行，直到遍历网上所有节点，结束操作。如图 10-19 所示。

图 10-19

2. 爬虫的基本方法与工具：requests 和 BeautifulSoup 相结合

requests：向服务器发起请求，获取网页信息。

BeautifulSoup：解析网页结构（标签、地址、链接等）。

◆实践练习

活动体验——获取当当网数据

活动内容 1：获取一页当当网数据

如图 10-20 所示。

图 10-20

```
import requests
from bs4 ipmort BeautifulSoup
url="http://search.dangdang.com/?key=python"# 利用 get 方法，在网址中传递关键字
info=requests.get（url）
```

如图 10-21 所示。

⟨Response [200]⟩

图 10-21

活动内容 2：解析当页网页数据

```
sp=BeautifulSoup（info.text,"html.parser")
print（sp）
```

如图 10-22 所示。

图 10-22

活动内容 3：整理网页信息

```
books = sp.find_all ('a', class_='pic') #获取所有满足条件的记录，以列表形式存储
for book in books:
bname=book.get ("title") #获取书名，使用 get 方法
print (bname)
```

如图 10-23 所示。

图 10-23

活动内容 4：获取当当网的数据：找出 Python 所有相关书籍（多页）

如图 10-24 所示。

```
#获取所有页面的书名  利用关键字设置循环
import requests
from bs4 import BeautifulSoup
url="http://search.dangdang.com/?key=python&act=input&page_index=" #利用 get 方法，在网址中传递关键字
xuhao=0
for index in range(1,55):
    url1=url+str(index)
    info=requests.get(url1)
    sp=BeautifulSoup(info.text,"html.parser")
    books = sp.find_all('a', class_='pic') #获取标签和其名称
    print(url1)
    for book in books:
        xuhao=xuhao+1
        bname=book.get("title") #获取书名，使用 get 方法
        print(xuhao,":",bname)
```

图 10-24

教学设计篇

教学基本信息

课题	猜拳游戏——Tkinter 模块初步			
学科	信息技术	学段：○小学 ○初中 ●高中	年级	高一
相关领域	☐语文 ☐数学 ☐外语 ☐物理 ☐化学 ☐生物 ☐历史 ☐地理 ☐政治 ☐社会 ☐品德 ☑信息 ☐音乐 ☐美术 ☐体育 ☐劳技 ☑综合 ☐其他			
教材	信息技术必修　数据与计算			

教学设计参与人员

	姓名	单位	联系方式
设计者	俞 岚	北京实验学校	1340101××××
实施者	俞 岚	北京实验学校	1340101××××
课件制作者	俞 岚	北京实验学校	1340101××××

学科核心素养

1. 根据给定的项目任务进行分析，明确需要解决的关键性问题。（计算思维）

2. 能提取问题的基本特征，进行抽象处理，并用形式化的方法表示问题。（计算思维）

3. 运用基本算法和图形框架设计解决问题方案，能使用编程语言实现项目方案。（计算思维）

4. 能将利用信息技术解决问题的过程迁移到学习和生活的其他相关问题的解决过程中。（数字化学习与创新，信息社会责任）

课程标准要求

1. 从生活实例出发，概述算法的概念与特征，运用恰当的表述方法和控制结构表示简单的算法。

2. 掌握一种程序设计语言的基本知识，使用程序设计语言实现简单的算法任务。通过解决实际问题，体验程序设计的基本流程，感受算法的效率，掌握程序调试与运行的方法。

教学策略分析

采用项目学习，力争让学生在引导下发现问题，以解决问题为导向开展方案设计、新知学习、实践探索，具有创新特质的学习活动。项目学习很大程度上还原了学习的本质，这种基于真实情境的学习能促进学生对信息问题的敏感性、对知识学习的掌控力、对问题求解的思考力的发展。在项目实施过程中，各种能力的综合也促进了学生信息技术学科核心素养的形成。开展项目学习时，要创设适合学生认知特征的活动情境，引导他们利用信息技术开展项目实践，形成作品。因此，项目学习应以信息技术学科核心素养的养成为目标，在项目实践中渗透学科核心素养，整合知识与技能的学习。在整个章节的教学中，先整体梳理各课程模块的教学内容，再以阶段性教学内容（模块或者单元）为依托，提炼学生习得知识后应具备的学科核心素养，并以此节点设计项目的推进路径，力争使项目实施既能合理渗透信息技术学科核心素养，又能有效整合相关的教学内容。

学情分析

　　授课对象为青海玉树班和高一年级 5 班，玉树班的孩子学习热情高，但是接收能力和操作能力要差一些，控制力也不够好；5 班的孩子学习积极性虽然稍显不足，但是可以用项目教学吸引他们的兴趣，将他们的操作主动性调动起来。根据不同的情况，采用不同的指导方式，应该能取得很好的效果。

　　从整体上来说，他们程序设计方面的基础普遍较低，甚至为零，对本章节的内容大部分学生感觉较难，从思想上对这部分内容兴趣不够浓厚，也有部分学生能够积极思考，对程序设计有兴趣。本节课之前，他们已经有了一定的基础，学习了 6 节课的基本知识，掌握了简单的输入、输出、数据类型、数据类型转换函数、赋值语句、数学运算模块、随机模块、变量、运算符、表达式、程序的选择结构、程序的循环结构、自定义函数、列表与字典等相关知识，将在这节课中运用这些储备知识解决问题。

课堂教学组织方式

　　学生是项目的设计者、实施者和项目成果的推介者，教师是学生项目设计和实施过程中的引领者和咨询者。在教学中，我鼓励学生通过自主探究解决项目中的问题，在解决问题的过程中整合知识学习，促进思维发展。要从"学会操作"的课堂价值取向转向"形成学科核心素养"的价值诉求，引导学生从实际生活中发现项目素材，培养学生的信息意识，在"尝试→验证→修正"的"试错"过程中发展学生的计算思维，引导学生从自主求取项目实施所需知识和技能的过程中形成数字化学习与创新能力，在项目成果的推介交流中提升信息社会责任。项目的开放性及解决方案的多样性，既能调动学生学习的积极性，激发学习兴趣，也能引发更多生成性问题。在后续的项目活动中，根据学生学习的需要，分不同的班级类型，采用个性化教学的指导方式，既为学生提供自由创作的空间，又确保学生的个性化问题得到及时支持与解决。同时，通过组建互助小组，引导学生在交流互助中共同提升思维与能力，甚至可以将合作互助行为纳入评价范畴，引导学生开展更深入的交流合作。

学习目标

1. 了解 Tkinter 库的概念，掌握导入库的三种方法。
2. 掌握窗体的创建方法，会通过修改相应的参数来改变窗体显示的位置和坐标。
3. 掌握标签、按钮控件的放置方法。
4. 掌握导入图片方法和图片路径的设置。
5. 掌握修改控件参数的方法。
6. 能利用随机函数和程序的循环结构实现图片的不间断变化。

教学重点和难点

重点：
控件的创建、用随机函数和程序的循环结构实现图片的不间断变化。
难点：
控件的创建、用随机函数和程序的循环结构实现图片的不间断变化。

教学过程			
教学教程	教师活动	学生活动	设计意图

情景引入	上节课用纯代码的方式解决了猜拳游戏的基本问题。
	　　下面来复习一下上节课所学习的知识。
	　　1.字典通过键（key）访问键值（value）的方法。
	
	```\nbianma={" 石头 ":1," 剪刀 ":2," 布 ":3}\nuser=input（"请输入石头、剪刀、布："）\nprint（user）\n```
	
	　　2.列表中元素访问的方法。
	
	```\nname=[" 石头 "," 剪刀 "," 布 "]\nprint（name[0]）\n```
	
	　　3.random 模块生成随机列表的方法。随机生成列表中的名称，并且决定是否结束随机，判断程序代码是否正确。
	
	```\nimportrandom\nflag=True\nl_name=[" 石头 "," 剪刀 "," 布 "]\nwhileflag:p_name=random.sample（l_name,1）\nprint（p_name）\nbianma={" 是 ":True," 否 ":False}\nf=input（"是否需要继续："）\nflag=bianma[f]\n```
	
	　　那么，怎么才能让游戏更有趣？答案当然是图形化。我们又怎么实现程序的图形化呢？这节课我们就来介绍一下 Tkinter 模块。
		听讲，并思考问题：
		　　1.猜拳游戏的过程，复习思考字典、列表、随机函数的应用方法。
		
		　　2.程序如何图形化，需要些什么知识呢？
			提 出 项目，鼓励学生通过自主探究解决项目中的问题。

新知探究	**一、Tkinter 模块简介** 　　Tkinter 是 Python 的标准 GUI（图形用户界面）库。Python 使用 Tkinter 可以快速创建 GUI 应用程序。由于 Tkinter 是内置到 Python 的安装包中的，只要安装好 Python，通过 import 命令就能直接导入 Tkinter 库。 　　它提供了 15 个窗口控件类（窗体、按钮、菜单、标签、画布……）。这节课只学习其中的窗体、按钮和标签三种控件。 　　可以通过调用、创建完成窗体程序的交互。 **二、任务分解** 　　展示这节课需要学生完成的任务成果，分析并分解任务，设计解决方案。	听讲，了解 Tkinter 的功能和特征。	引领学生分解任务，新知学习和操作实践。

教学过程			
教学教程	教师活动	学生活动	设计意图
| 新知探究 | **1. 完成界面的搭建**<br>（1）导入 Tkinter 库（自主复习导入库的三种方法）<br><br>importttkinter<br>fromtkinterimport*<br>fromtkinterasTK<br><br>编写代码时，根据习惯，三种任选其一，但一定要注意，后续代码编写要用相应的格式。<br>（2）创建对象<br>窗体：一切其他控件都放置在窗体中，它是基础控件。<br><br>root=Tk（ ）#先创建窗体<br>root.geometry（ "500x500+50+50"）# 窗体长 x 窗体宽 + 窗体左上角横坐标 + 窗体宽 + 窗体左上角纵坐标<br>root.title（ " 猜拳游戏 "）# 窗体的标题<br><br>按钮：<br>kaishi=Button（ root,text=" 开始 "）<br>标签：<br>lb=Label（ root,width=400,height=400 ）<br>（3）导入一张图片——图片对象的创建<br><br>myimage=PhotoImage（ file=path ）#path 为图片路径<br><br>例如：<br><br>myimage=PhotoImage（ file="d:\\caiquan\\1.gif"）<br><br>在 d 盘分区 caiquan 文件夹下的名称为 1 的 gif 格式图片。目前只能识别 gif 图片。<br>注意：设置路径尽量简单。<br>（4）进入事件循环<br><br>lb.pack（ ）#标签放置显示<br>root. mainloop（ ）#窗体事件循环<br><br>学生自主练习完成搭建任务。 | 根据老师的介绍和分析，思考怎么完成项目、设计方案。<br><br><br>复习模块导入的三种方式，加深理解，分析其不同，灵活应用。<br><br>```
1  from tkinter import *
2  root=Tk()
3  lb=Label(root,width=40,height=40,text="您好！")
4  lb.pack()
5  root.mainloop()
```<br><br>```
1  import tkinter as tk
2  root=tk.Tk()
3  lb=tk.Label(root,width=40,height=40,text="您好！")
4  lb.pack()
5  root.mainloop()
```<br><br>学习创建对象的方法，补充编写代码，并运行调试。观察运行结果。<br><br>fromtkinterimport*<br>root=Tk（ ）<br>kaishi=Button（ root,text=" 开始 "）<br>kaishi.pack（ ）<br>jiandao=Button（ root,text=" 剪刀 "）<br>jiandao.pack（ ）<br>shitou=Button（ root,text=" 石头 "）<br>shitou.pack（ ）<br>bu=Button（ root,text=" 布 "）<br>bu.pack（ ）<br>root.mainloop（ ） | 引领学生分解任务，新知学习和操作实践。 |

教学过程			
教学教程	教师活动	学生活动	设计意图

新知探究	**2. 不间断变换的图像**
	提出问题：怎么随机？怎么变化？
	分析问题：图片的显示是由路径决定的，所以，为了方便，必须把需要随机显示的图片放置在同一个路径的文件夹下。设置好图片的名称，名称不同，就能显示不同的图片。程序执行过程中，只需要不断随机改变图片路径中的名称，就能实现图片的随机不断显示。
	设计方案解决问题：
	（1）设置好文件路径，从而方便进行随机读取
	
	`path="d:\\caiquan"`
	`l_name=["1.gif","2.gif","3.gif"]# 创建列表，用于随机数据读取`
	
	（2）读取图片文件，创建随机对象
	
	`p_name=random.sample（l_name,1）[0]`
	`myimage=PhotoImage（file=path+"\\"+p_name）`
	
	（3）标签中装载图片——不断修改 image 属性过程
	
	`lb.config（image=myimage）`
	`lb.pack（）`
	`root.update（）`
	
	（4）不间断循环过程——设置标记位，触发循环。
		掌握图片路径的设置方法，并把图片复制到相应的路径下。
		添加相应的程序代码，实现图片在标签空间中显示。
		
		`myimage=PhotoImage（file="d:\\caiquan\\1.gif"）`
		`lb=Label（root,width=400,height=400,image=myimage）`
		`lb.pack（）`
		
		分析问题，根据老师的引导和相应空间属性的功能介绍，思考设计方案，逐步解决问题。
		
		`flag=True`
		`path="d:\\caiquan"`
		`l_name=["1.gif","2.gif","3.gif"]`
		`while0flag:`
		`p_name=random.sample( l_name,1）[0]`
		`myimage=PhotoImage（file=path+"\\"+p_name）`
		`lb.config( image=myimage）`
		`lb.pack（）`
		`root.update（）`
			引领学生分解任务，新知学习和操作实践。

<table>
<tr><td colspan="4" align="center">教学过程</td></tr>
<tr><td>教学
教程</td><td align="center">教师活动</td><td align="center">学生活动</td><td align="center">设计意图</td></tr>
<tr>
<td>新知
探究</td>
<td>

【知识迁移】

```
import random
flag=True
l_name=["石头","剪刀","布"]          path="d:\\caiquan"
While flag:                        l_name=["1.gif","2.gif","3.gif"]
    p_name=random.sample(l_name,1)[0]
    print(p_name)                   myimage=PhotoImage(file=path+"\\"+p_name)
    bianma={"是":True,"否":False}    lb.config(image=myimage)
    f=input("是否需要继续：")
    flag=bianma[f]                  lb.pack()
                                    root.update()
```

【程序代码】

```
fromtkinterimport*
importrandom
flag=True
root=Tk（）
root.geometry（"500x500+50+50"）
root.title（"猜拳游戏"）
kaishi=Button（root,text="开始"）
kaishi.pack（）
jiandao=Button（root,text="剪刀"）
jiandao.pack（）
shitou=Button（root,text="石头"）
shitou.pack（）
bu=Button（root,text="布"）
bu.pack（）
lb=Label（root,width=400,height=400）
path="d:\\caiquan"
l_name=["1.gif","2.gif","3.gif"]
whileflag:
p_name=random.sample（l_name,1）[0]
myimage=PhotoImage（file=path+"\\"+p_name）
lb.config（image=myimage）
lb.pack（）
root.update（）
root.mainloop（）
```
</td>
<td></td>
<td>

　　引领学
生分解任务，
新知学习和
操作实践。
</td>
</tr>
</table>

教学过程			
教学 教程	教师活动	学生活动	设计意图
课堂 小结	这节课，我们介绍了 Tkinter 模块，通过相应的程序代码创建窗体、标签、按钮控件，设计了游戏的基本界面，利用随机函数和程序的循环结构实现了图片的实时随机变化。 　　后面的课程，我们将继续跟进，添加相应代码，逐步完成每个控件的任务，最终呈现完美的游戏。用随机函数和程序的循环结构实现图片的不间断变化。		用随机函数和程序的循环结构实现图片的不间断变化。

板书：

一、Tkinter 模块简介

二、任务分解

1. 导入 Tkinter 库。

2. 创建对象。

3. 导入一张图片 → 怎么让图片变化 → 怎么随机变化 → 怎么不断随机变化。

4. 进入事件循环。

教学基本信息

课题	我的家庭支出——函数的定义与应用				
学科	信息技术	学段：○小学 ○初中 ◉高中		年级	高一
相关领域	□语文 □数学 □外语 □物理 □化学 □生物 □历史 □地理 □政治 □社会 □品德 ☑信息 □音乐 □美术 □体育 □劳技 ☑综合 □其他				
教材	信息技术必修 数据与计算				

教学设计参与人员

	姓名	单位	联系方式
设计者	耿立强	平谷区第五中学	13810914928
实施者	耿立强	平谷区第五中学	13810914928

指导思想与理论依据

本节课以《普通高中信息技术课程标准（2017年版）》为指导思想进行设计，以之前所学的知识为基础构建新内容；以任务推动课堂中的学生活动，降低学生在学习新知识方面的理解难度，提高学生的学习兴趣；算法与程序设计是高一信息技术必修模块数据与计算中重要的组成部分，本课程通过Python语言的教学，要求学生掌握程序设计语言的基本知识，使用程序设计语言实现简单算法，通过解决实际问题，体验计算机解决问题的基本流程，掌握程序调试与运行的方法；通过相应目标的达成，促进学生计算思维的发展。

教学背景分析

教学内容：

本节课的授课内容为"函数的定义与应用"。函数的定义部分需要讲明自己定义函数时的语法规则、函数的参数、函数的返回值等；函数的应用部分类比Python的内置函数的调用方法，重点是在主程序需要某一功能块时学生能够有自己定义一个函数的意识，以渗透函数式编程的思想。

学生情况：

本节课授课对象是高中一年级的学生，Python是他们学习的第一门程序设计语言。通过一个多月时间的学习，孩子们已经接触了Python语言的基本语法和简单数据类型，学习了程序的顺序结构和选择结构。学生能够读懂简单代码，在老师分析、带领和指导下能够上机实践一些小任务，但学生自己独立分析问题、编写程序的能力方面还很欠缺；编写程序的过程中调用过简单的内建函数，对使用函数的认识和意识比较淡薄；在程序排错方面，部分学生有意识地解决缩进、大小写、中英文等错误，但还有部分学生在排错方面需要提升。

教学背景：

本节课设计的时间节点为学生已经学习Python语言一个月有余，接触了基本语法、数据类型、程序设计的顺序结构和选择结构，完成过一些简单的小程序，这时候再讲自定义的函数，让学生意识到一个函数即是解决某一问题的小程序，学生定义函数的过程就是对以往知识的综合应用；函数部分共设计两课时，本节课为第一课时，让学生具有初步的函数意识，第二课时为函数的灵活应用，课堂上更多的时间会交给孩子，让他们自己分析问题，有意识地用函数的方法解决问题。函数部分过后的课程可以尝试交给孩子们一些略复杂的任务。

教学方式：讲授式、讨论式、实践操作

教学手段：使用Python 3.7编程环境

教学目标（内容框架）
知识与技能： 函数定义的语法格式，调用函数的方法；自定义函数在编写程序中的意义及作用；函数定义中的参数和返回值；调用函数的过程。 过程与方法： 由简单问题入手，学生在教师带领下完成任务到自己分析问题、编写程序，提高学生分析问题、解决问题的能力；体会使用函数解决问题的思维和方法。 情感态度与价值观： 函数式编程采取自顶向下，从而有效地将复杂的问题分解为小问题，将小问题分解为更容易控制和处理的小单元，引导学生将计算思维用于解决日常生活中的问题。 教学重点：自定义函数的定义和调用 教学难点：函数的参数

教学过程（文字描述）
1. 展示上节课所做的程序，指出本节课任务，引入自定义函数。 2. 给出自定义函数的语法规则，调用方法。 3. 教师带领学生完成任务 1，熟悉定义函数的过程和调用函数的方法，体会函数重用的功能。 4. 学生上机操作完成任务 2，进一步熟悉函数的定义，理解函数调用的过程，让学生把任务分解为更小的任务，分别完成。 5. 教师通过实例讲解函数的参数，理解形参、实参的意义。 6. 教师引领，学生分析任务 3，上机实践完成任务 3，巩固函数参数的设置、调用自定义的函数、函数返回值的设置等。 7. 完成课堂检测题，巩固课堂所学知识。

教学过程（表格描述）

教学阶段	教师活动	学生活动	设置意图	技术应用	时间安排

温故知新	展示上节课学生上传的"计算水费"的作业：
	
	`shuiliang=input（"请输入本年度用水量"）`
	`shuiliang=int（shuiliang）`
	`if shuiliang<=180:`
	　`shuijia=5*shuiliang`
	`elif shuiliang<=260:`
	　`shuijia=5*180+（shuiliang-180）*7`
	`else:`
	　`shuijia=5*180+7*80+（shuiliang-260）*9`
	`print（"本年度共用水 ",shuiliang," 共花费 ",shuijia,"元"）`
		回顾上节课所学知识。	展示学生作业，引入新课题。		3

	函数是一段具有特定功能的、可重复使用的语句组；用函数名来表示并通过函数名进行功能调用。				

教学过程（表格描述）					
教学阶段	教师活动	学生活动	设置意图	技术应用	时间安排

新课讲解	**任务1：**
	将"计算水费"定义为函数
	自定义函数：
	1. 自定义函数的语法形式
	def 函数名（参数表）：
	函数语句块
	[Return 返回值]
	在 Python 中，定义一个函数要使用 def 语句，依次写出函数名、括号、括号中的参数和冒号回车后，在缩进块中编写函数体，函数的返回值用 return 语句返回。
	·函数名可以是任何有效的 Python 标识符。
	·参数列表是调用该函数时传递给它的值。
	·函数体是函数每次被调用时执行的代码。
	·函数不需要返回值时，可以没有 return 语句。
	带领学生将"计算水费"定义为函数：
	
	``python
	def shuifei（shuiliang）： #定义名为
	if shuiliang<=180:
	    shuijia=5*shuiliang
	elif shuiliang<=260:
	    shuijia=5*180+（shuiliang–180）*7
	else:
	    shuijia=5*180+7*80+（shuiliang–260）*9
	return shuijia
	``
	
	2. 调用自定义函数的方法
	函数名（参数）
	·调用函数时，参数列表中给出的参数值是要传入函数内部的值，称为实际参数。
	·调用程序在调用处暂停执行。
	·在调用时，将实参复制给函数的形参。
	·执行函数的语句体。
	·函数调用结束后给出返回值，程序回到调用前的暂停处继续执行。
		将函数的语法格式记录在学案上。
		
		shuifei 的函数。
		
		在老师的带领下编写主程序调用刚刚定义的 shuifei（）函数。
			将已有程序改写为函数，帮助学生理解函数是完成某一功能的代码块。		7
					
					5

教学过程（表格描述）					
教学阶段	教师活动	学生活动	设置意图	技术应用	时间安排
新课讲解	主程序： 方法一： print（shuifei（100）） 方法二： shuif=shuifei（（100）） print（shuif） 方法三： shuil=int（input（"请输入用水量"）） shuif=shuifei（shuil） print（shuif） **任务 2：** **综合练习：我的家庭支出** 家庭中都会有一些固定的支出项目，小明家每年需支出水、电、燃气等费用，试编写程序实现计算三项费用的家庭支出。 阶梯水价： 	阶梯	户年用水量 /m³	水价 / 元·m⁻³
1	0~180（含）	5
2	181~260（含）	7
3	260 以上	9	 阶梯电价： 	阶梯	户年用电量 / 度	电价 / 元·度⁻¹
1	0~2 880（含）	0.49
2	2 881~4 800（含）	0.54
3	4 800 以上	0.79	 阶梯燃气价格： 	阶梯	户年用气量 /m³	燃气价 / 元·m⁻³
1	0~350（含）	2.63
2	351~500（含）	2.85
3	500 以上	4.25 | 主程序：调用函数分别计算家庭所用水、用电、用燃气的支出。	理解调用函数的过程。 依据阶梯用电表定义函数，实现根据年度用电量计算电费支出。 依据阶梯燃气价格表，定义函数，实现根据年度用气量计算燃气费用。	将已有程序改写为函数，帮助学生理解函数是完成某一功能的代码块。 上机实践，解决操作中遇到的问题，巩固课堂所学知识。		10

教学过程（表格描述）					
教学阶段	教师活动	学生活动	设置意图	技术应用	时间安排

新课讲解	**3. 函数的参数**
	自定义函数时，函数的参数数量并不限制，可以有多个，也可以没有。多个参数间用逗号分隔。如：
	def xing1（ ）:
	　print（"*"*20）
	def xing2（n）:
	　print（"*"*n）
	def xing3（xz,n）:
	　print（xz*n）
	调用一个函数时，函数定义时有几个参数，调用时就需要给出几个参数。如：
	xing1（ ）
	xing2（12）
	xing3（"#",18）
	函数为参数体提供数据：
	形式参数（形参）；
	实际参数（实参）。
	任务3：
	在任务2的基础上定义函数，根据用水、用电、用气量计算总费用；写出主程序调用函数（根据自己家庭用量给出实际参数）。
	def zhichu（shui,dian,qi）:
	　shuif=shuifei（shui）
	　dianf=dianfei（dian）
	　qif=qifei（qi）
	　zong=shuif+dianf+qif
	　return zong
	print（zhichu（100,1 000,100））
		上传作业
		思考：怎么计算三项费用的家庭总支出？
		利用别人定义的函数。
		
		通过定义的几个函数一起讨论函数的参数。
		
		分析定义该函数时参数如何设置；函数的语句块包括哪些内容；返回值是什么。
			此部分教师带领学生通过简单例题理解定义函数和调用函数时参数的意义。
			
			综合所学知识完成函数的定义，加强对函数的参数设置、函数的调用、函数的返回值的理解和应用。
					3
					
					10

实践操作	练习：定义完成后，将作业上交到共享文件夹。	通过所学知识自己动手定义一个函数，并在主程序中调用该函数。	自己编写一个函数，巩固课堂知识。		
分享交流	展示部分学生的作业。				2

教学过程（表格描述）					
教学阶段	教师活动	学生活动	设置意图	技术应用	时间安排
效果评价	习题： 1. 下列不是函数优点的是（　）。 A. 减少代码重复 B. 使程序更加模块化 C. 使程序便于阅读 D. 为了展现人们的智力优势 2. 下面这段函数调用是否合法？（　） def f1( )： f2( ) def f2( )； print（"这是我的第二个函数"） f2( ) 3. 下面这段程序的运行结果是（　）。 def myabs（x1,x2,x3,x4）： y=x1−x2+x3−x4 return y print（x1） print（jisuan（10,4,6,9））		1. 函数的优点。 2. 函数的调用。 3. 参数和返回值。		2
归纳总结	随着对 Python 语言学习的深入，我们会尝试编写更为复杂的程序，有时需要一些方法将大问题分解成小问题，各个小问题解决了，大问题也就迎刃而解了，而函数就是解决小问题的方法之一。 　　函数定义后，可以像系统函数一样被使用，我们得清楚函数定义时设置的参数和返回值。 　　通过函数名调用函数，实际上利用这个函数名背后对应的或简单或复杂的程序代码，这样使得变得更加简洁、更加模块化。				2
拓展提高	扩展"我的家庭支出"的功能	课后拓展任务，学生思考并编写完成。			1

教学基本信息			
课题	Python 库的使用——以 turtle 为例		
是否属于地方课程或校本课程	否	是否属于跨学科主题教学	否
学科	信息技术	学段：高中	年级　高一
相关领域	计算机程序设计		
教材	书名：Python 算法与程序设计基础（第 2 版），出版社：清华大学出版社，出版日期：2017 年 12 月		

教学设计参与人员			
	姓名	单位	联系方式
设计者	耿晓硕	北京师大附中平谷第一分校	13120099076
实施者	耿晓硕	北京师大附中平谷第一分校	13120099076
指导者	张宝才	北京市平谷区教育研修中心	13911739505

指导思想与理论依据

　　信息技术课程标准中强调，要帮助学生掌握信息技术基础知识与技能、增强信息意识、发展计算思维、提高数字化学习与创新能力，要鼓励学生在数字化环境中学习与实践。在 Python 开发环境下，用计算机程序语言实现特定的目标，引导学生发现信息奥妙，利用信息技术，提高信息素养。本节课是新授课程，学生有一定的知识基础，但是又难以将它们运用起来，也找不到方法。通过写小程序处理身边的小事，同学们逐步熟悉和理解通过编制计算机程序来解决问题的逻辑思维和方法步骤，达到做中学的目的。

教学背景分析

　　教学内容：库的基本介绍、三种基本结构与库的结合——以 turtle 库为例

　　Python 中的库是非常强大的，为了让学生深入地了解这门语言，本节课将介绍库的概念，并且以 turtle 库为例，通过示例图形让同学们自己分析特点，从而以任务驱动的方法完成示例图形的绘制。

　　教学方式：讲授法

　　教学手段：口头讲解配合 PPT 演示

　　技术准备：Python 3.7

教学目标（内容框架）

　　理解库的概念；

　　学会库的几种导入方法；

　　能够自行分析图形特点，利用计算思维完成一些简单程序；

　　通过 turtle 库几种简单功能的学习延伸到 turtle 库的其他功能，进而了解其他库的应用方法，提高数字化学习与创新能力。

　　重点：

　　①自行分析图形特点，学会用计算思维解决实际问题。

　　②通过 turtle 库几种简单功能的学习延伸到 turtle 库的其他功能，进而初步了解其他库的应用方法。

　　难点：分析图形特点，自己完成抖音图标的绘制。

教学过程（表格描述）					
教学阶段	教师活动	学生活动	设置意图	技术应用	时间安排
知识回顾	**一、库的概念介绍** 　　库是具有相关功能模块的集合。这也是 Python 的一大特色之一，即具有强大的标准库、第三方库以及自定义模块。 　　标准库：就是下载安装的 Python 里那些自带的模块，例如 random、os。 　　第三方库：就是由第三方机构发布的具有特定功能的模块，如 Baidu-aip、pygame。 　　自定义模块：用户自己可以自行编写模块，然后使用。 　　师：那么本节课我们就以 turtle 库为例来学习库在程序中的应用。	认真听讲。	Python 中库的总体介绍，对库有初步了解。	计算机	3

新课讲授	我们先来看一段程序：
	
	```\nimport turtle # 导入（import）turtle 库\nfor i in range（4）: #建立从 0 到 4 的循环结构\n turtle.circle（50）#画半径为 50 单位的圆\nturtle.left（90） # 向左（left）即逆时针旋转 90°\n```
	
	教师演示并且让学生根据注释理解程序含义，找同学解释。
	　　turtle 库是 Python 语言中一个很流行的绘制图像的函数库。想象一个小乌龟，在一个横轴为 x、纵轴为 y 的坐标系原点（0,0）位置开始，它根据一组函数指令的控制，在这个平面坐标系中移动，从而在它爬行的路径上绘制了图形。
	　　在用库之前，我们需要用一定方法去导入库。
	二、导入库的方法与技巧
	　　（1）import turtle
	　　（2）from turtle import *
	　　（3）import turtle as tl
	第一种方法：
	
	```\nimport turtle # 导入（import）turtle 库\nfor i in range（4）: #建立从 0 到 4 的循环结构\n turtle.circle（50）#画半径为 50 单位的圆\nturtle.left90） # 向左（left）即逆时针旋转 90°\n```
	
	第二种方法：
	
	```\nfrom turtle import * # 导入（import）turtle 库\nfor i in range（4）: #建立从 0 到 4 的循环结构\ncircle（50）#画半径为 50 单位的圆\nleft（90） # 向左（left）即逆时针旋转 90°\n```
		完成学案。	Python 库有很多，老师不可能一一讲解，只能根据 turtle 库让学生自学方法。		5
					
					5

	教学过程（表格描述）				
教学阶段	教师活动	学生活动	设置意图	技术应用	时间安排
新课讲授	**第三种方法：** import turtle as tl　# 导入（import）turtle 库 for i in range（4）：# 建立从 0 到 4 的循环结构 tl.circle（50）# 画半径为 50 单位的圆 tl.left（90）# 向左（left）即逆时针旋转 90° 学生体会并尝试三种导入方法的使用差异。				
实践练习	**三、库功能的使用** **任务 1：** 观察抖音图标，分析结构图特点。 分解图标： 四分之三圆 + 直线 + 四分之一圆。 下面同学们根据学案，找出画这几部分的脚本。 思考：起点的角度如何改变？最后的四分之一圆角度如何设置？ turtle.left（180） turtle.circle（120, 270） turtle.circle（120, 90） **任务 2：根据老师所给的学案，设置背景颜色、画笔粗细、画笔颜色。** turtle.bgcolor（　） turtle.pencolor（　） turtle.pensize（　） 	分层任务，引导学生自己思考。	教师不讲，让学生根据注释自行理解，增强学生的自学能力。 通用的库的导入方法，学生自行实践，加深印象。 亲自实践三种不同的导入模块方法。		5 5 5

教学过程（表格描述）					
教学阶段	教师活动	学生活动	设置意图	技术应用	时间安排
实践练习	任务 3：如何完成三个图形的绘制？ 提示图形顺序： 红色 绿色 白色 任务 4： （1）是不是发现三个图形位置不对？如何修正？ turtle.goto（ ） （2）如何抬笔、落笔？参考学案。 turtle.penup（ ） turtle.pendown（ ） 观察抖音图标和自己的作品，哪里还有缺陷？继续完善。 完整代码： import turtle　# 导入（import）turtle 库 turtle.bgcolor（"black"）# 设置背景颜色 turtle.pensize（20）# 设置画笔粗细 turtle.pencolor（"red"）# 设置画笔颜色 turtle.left（180）# 旋转 180 度 turtle.circle（50,270）# 画一个四分之三圆 turtle.forward（200）# 向前 200 单位 turtle.left（180）# 向左（left）即逆时针旋转 90 度 turtle.circle（50,90）# 画一个四分之一圆 turtle.penup（ ）# 抬笔 turtle.goto（-10,10）# 设置画笔位置 turtle.pendown（ ）# 落笔 urtle.pencolor（"green"）# 设置画笔颜色 turtle.left（180）# 旋转 180 度 turtle.circle（50,270）# 画一个四分之三圆 turtle.forward（200）# 向前 200 单位 turtle.left（180）# 向左（left）即逆时针旋转 90 度 turtle.circle（50,90）# 画一个四分之一圆 turtle.penup（ ）# 抬笔	根据学案自行探究 turtle 库的功能。 分层任务，引导学生自己思考。	创新实践		5 5

教学阶段	教师活动	学生活动	设置意图	技术应用	时间安排
	教学过程（表格描述）				
实践练习	turtle.goto（–10,5）# 设置画笔位置 turtle.pendown（）# 落笔 turtle.pencolor（"white"）# 设置画笔颜色 turtle.left（180）# 旋转 180 度 turtle.circle（50,270）# 画一个四分之三圆 turtle.forward（200）# 向前 200 单位 turtle.left（180）# 向左（left）即逆时针旋转 90 度 turtle.circle（50,90）# 画一个四分之一圆 发挥创意，绘制自己的图形。	让学生们自己发挥创意。			
知识扩展	根据学案，完成知识扩展：利用 random 库完成一个简单的猜数小程序。				
归纳总结	小结：本节课我们介绍了 Python 库以及导入和使用的方法，课下同学们可以根据老师给的学案或者自行上网查找资料，以更好地利用 Python 的其他库。		引出其他库，增加学生对 Python 其他库的兴趣		1
分享交流	在课堂中为学生提供展示程序运行效果的时间。使用学案，展示学生整堂课的学习效果。	展示程序及运行效果。	为学生提供展示自己想法的空间		2
效果评价	对学生程序运行效果进行解释及评价，鼓励学生在原有基础上有更多的创新。				

学习效果评价设计

评价方式:

1.课堂上,学生展示相应程序和结果。学生及教师进行相应评价,提出优点和不足。

2.学生完成课堂学案,教师课后根据学生完成情况进行评价。

评价量规:

每位学生将通过如下几方面进行评价:

学生之间相互评价:

参与课堂讨论（30分）			活动完成情况（40分）			参与展示（30分）		
积极参与帮助他人（20~30分）	善于思考聆听（10~20分）	无参与（0~10分）	完成活动并有所创新（30~40分）	按要求完成活动（10~30分）	未完成（0~10分）	上台展示（20~30分）	在准备过程中积极参与（10-20分）	未参与（0~10分）

教师对学生的评价:

课堂表现情况（20分）			课堂活动完成情况（30分）			合作探究（20分）		创新（30分）		
积极思考并回答问题。注意力集中（10~20分）	能够跟随课堂（0~10分）	不在学习状态（0分）	自主完成课堂活动（20~30分）	在教师学生帮助下可以完成（10~20分）	未完成（0~10分）	积极与教师同学讨论（0~20分）	不参与讨论(0分)	在完成创新活动时,独立思考,能够尝试实现自己的想法（20~30分）	可以在原活动中改进,实现创新（10~20分）	可以完成课堂活动任务（0~10分）

教学基本信息				
课题	Python 中的 for 循环			
是否属于地方课程或校本课程	否	是否属于跨学科主题教学		否
学科	信息技术	学段：高中	年级	高一
相关领域	Python 语言程序设计			

教学设计参与人员			
	姓名	单位	联系方式
设计者	杨喜晨	北京实验学校	13716387629
实施者	杨喜晨	北京实验学校	13716387629
课件制作者	杨喜晨	北京实验学校	13716387629

指导思想与理论依据

　　本节课以《普通高中信息技术课程标准（2017 版）》为指导思想进行设计。本节课"基于问题的学习"的教学理念，用问题推动课堂中的学生活动，降低学生的学习难度，提高学生学习兴趣。

教学背景分析

教学内容：

　　本节课主要利用 Python 中的 turtle 库进行绘图，让学生体会 Python 语言中循环的运行方式，从而学习 for 语句的应用。并结合所学知识，尝试改写循环程序，从而掌握 for 循环的使用。

　　学生情况：本节课的学习对象是我校高一玉树班的学生，他们对汉语的理解能力有限，计算机的基本操作能力较低，但是学习热情很高。学生在前一节课学习了 turtle 库，用顺序结构绘制了四圆花瓣和同心圆，并未接触过与循环有关的算法思维方式的学习。

　　教学方式：讲授法、基于问题的学习法、自主探究法

　　教学手段：导学案，计算机

　　技术准备：Python 程序，PPT 课件

教学目标：

　　1. 了解 for 循环的基本结构。

　　2. 能够针对给定的任务进行分析，经历提出问题、分析问题、设计算法、编程调试的程序设计过程，培养学生形成良好的编程习惯。

　　3. 让学生在逐步解决问题的过程中，理解 for 循环语句的格式和执行过程。

　　4. 培养学生分析问题、解决问题的能力，发展计算思维。

　　教学重点、难点：for 循环语句的基本语法格式及其应用。

教学过程（文字描述）

一、复习 turtle 库的应用

二、创设情境，引入新知

三、新课讲解

四、实践、拓展

五、总结

教学过程（表格描述）					
教学阶段	教师活动	学生活动	设置意图	技术应用	时间安排

复习	回顾上节课内容 turtle 库。
	1.turtle 库是 Python 语言中一个绘制图像的函数库。
	2. turtle 库的导入方法：
	`import turtle`
	3. 回忆 turtle 库中常用的绘图命令：
	`turtle.pendown（）`
	`turtle.penup（）`
	`turtle.goto（x,y）`
	`turtle.circle（）`
	`turtle.left（degree）`
	`turtle.right（degree）`
		回忆上节课所讲内容。	复习上节课内容，为本节课做准备。	turtle 库的应用。	5

新课讲解	一、引入
	播放四圆花瓣的效果视频，展示所编写的程序。
	
	`import turtle`
	`turtle.circle（150）`
	`turtle.left（90）`
	`turtle.circle（150）`
	`turtle.left（90）`
	`turtle.circle（150）`
	`turtle.left（90）`
	`turtle.circle（150）`
	`turtle.left（90）`
	思考：
	1. 程序中哪些语句是重复的?
	2. 一共重复了几次?
	二、新知讲解
	①上节课的程序虽然可以实现效果，但过于重复，可以利用 for 循环语句实现同样的效果。
	for 循环的基本语法格式：
	　for　循环变量　in　列表：
	　　程序块
	for 循环的执行过程：
	　执行for循环时，系统会将列表元素值依次赋予循环变量，循环变量值每改变一次，就会执行一次"程序块"，即列表有多少个元素，就会执行多少次"程序块"。
		观看上节课自己所编写的程序，思考问题。
		
		听讲。
		
		理解for循环的执行过程。
			引入新知识
			掌握for循环的语句格式和执行过程。
				for 循环的使用。	30

教学过程（表格描述）					
教学阶段	教师活动	学生活动	设置意图	技术应用	时间安排

新课讲解	例如：
	
	``
	shuiguo=[" 香蕉 "," 苹果 "," 橘子 "]
	for x in shuiguo:
	    print（x）
	``
	
	a. 第一次执行 for 循环时，把列表值"香蕉"赋给循环变量 x，执行第三行代码，输出"香蕉"。
	
	b. 返回第二行，重新给变量 x 赋值为"苹果"，再执行第三行代码，输出"苹果"。
	
	c. 再回到第二行，再次给变量 x 赋值为"橘子"，再次执行第三行代码，输出"橘子"。
	
	d. 列表元素轮番赋值完毕后，循环结束。
	
	②把原来的顺序结构的四圆花瓣程序改写为循环结构。
	
	``
	import turtle
	for i in range（1,5）:
	    turtle.circle（100）
	    turtle.left（90）
	``
	
	range（）函数：设定 for 循环的执行次数。
	
	格式：range（start, stop[, step]）
	
	start：计数从 start 开始。默认是从 0 开始。
	
	stop：计数到 stop 结束，但不包括 stop。例如：range（0, 5）是 [0, 1, 2, 3, 4]，没有 5。
	
	step：步长，默认为 1。
	
	③如何绘制六圆花瓣?
	
	提示：
	循环次数的变化；
	圆旋转角度的变化。
	
	``
	import turtle
	for i in range（1,7）:
	    turtle.circle（150）
	    turtle.left（60）
	``
		通过对实例的理解，加深对 for 循环执行过程的理解。
		
		改写程序，进一步理解循环结构。
		
		思考，修改循环，实现六圆花瓣效果。
			通过简单实例，巩固对 for 循环执行过程的理解。
			
			改写程序，加深对循环结构的理解。
			
			如何设定循环次数，引入 range（）函数。
			
			通过修改程序，让学生体会 for 循环的建立方法，帮助学生理解 for 循环每一个关键字的意义。
				for 循环的使用。	30

	教学过程（表格描述）					
教学阶段	教师活动	学生活动	设置意图	技术应用	时间安排	

新课讲解	试一试：
	
	将之前所写的同心圆程序改写为 for 循环结构。
	提问：
	哪些操作是重复执行的？
	画圆的步骤是什么？
	抬起画笔：turtle.penup（）
	移动到相应坐标：turtle.goto（坐标）
	放下画笔：turtle.pendown（）
	画圆：turtle.circle（半径）
	重复执行了次数：4 次
	
	``python
	import turtle
	for i in range（1,5）：
	    turtle.penup（）
	    turtle.goto（0,-i*50）
	    turtle.pendown（）
	    turtle.circle（i*50）
	``
	④根据所学，你还能绘制出什么图形？
		学生观察之前程序，思考并回答相应问题。
		
		改写程序。
		
		展示学生作品。
			通过修改程序进一步学习 for 循环语句的使用。	for 循环的使用。	30	

小结	1.for 循环通常用于执行固定次数的循环。 2.for 循环的基本语法格式： 　for 循环变量 in 列表： 　　程序块 3.range( ) 函数：range(5),range(1,5),range(1,5,2)		总结本节课内容。		5	

学习效果评价设计
评价方式： 1.学生边操作，老师边评价，将个别学生的作品展示，并指出优缺点。 2.学生将导学案上交，老师根据导学案完成情况作出评价。

教学基本信息

课题	编程控灯利出行——用循环语句解决问题		
是否属于地方课程或校本课程	否	是否属于跨学科主题教学	否
学科	信息技术	学段：高中	年级 高一
相关领域	计算机程序设计		
教材	书名：高中信息技术，出版社：地图出版社		

教学设计参与人员

	姓名	单位	联系方式
设计者	郭丹丹	北京市平谷区第五中学	18611289476
实施者	郭丹丹	北京市平谷区第五中学	18611289476
课件制作者	郭丹丹	北京市平谷区第五中学	18611289476

指导思想与理论依据

普通高中信息技术课程是一门以全面提升学生信息素养，帮助学生掌握信息技术基础知识与基本技能、增强信息意识、发展计算思维、提高数字化学习与创新能力、树立正确的信息社会价值观和责任感的基础课程。

本节课以《普通高中信息技术课程标准（2017 版）》为指导思想进行设计，要求学生掌握一种程序设计语言的基本知识，使用程序设计语言实现简单算法。通过解决实际问题，体验程序设计的基本流程。

教学背景分析

教学内容：

本节课是高中信息技术必修模块 1《数据与计算》中第二章算法与程序实现的第三节循环结构的内容。循环这部分内容分两个课时完成，本节课是第一课时，重在引导学生根据需求使用循环语句解决问题。本节课第一部分让学生通过分析，设计算法，编写程序，用 for 循环语句实现交通灯的倒计时功能。第二部分让学生分析实现"交通灯"循环工作的方法，并利用 while 语句实现。最后总结 for 循环和 while 循环的使用场景，让学生能够在分析问题时选择适合的循环方式。

学生情况：

学生在学习本节课前已经学过部分 Python 语言程序设计的基础知识，包括输入、输出语句、绘图、数据的表示与计算、程序的顺序结构、程序的选择结构，掌握了基本的 Python 程序设计语言编写格式和运行方式。学生在本节课前已经实现"红绿灯"交替闪灯的效果部分程序。学生期待问题的解决和程序的实现，对本节课的学习有一定的兴趣。

教学重点：根据需求使用循环语句解决交通灯倒计时问题和循环工作的问题。

教学难点：for 循环语句和 while 循环语句的格式及执行过程。

教学方式：讲授法、基于问题的学习、自主探究法。

教学手段：教师讲解，学生自主探究。

技术准备：硬件：多媒体网络教室；软件：Python 编辑环境。

教学过程（文字描述）
本节课第一部分主要通过提出问题，将"红绿灯"程序加入倒计时的功能，让学生通过问题的分析，写出简单算法，学习、感受 for 循环语句的使用方法；第二部分通过实现"让红绿灯运转起来"，让学生学习掌握 while 循环语句的使用方法，理解 for 循环和 while 循环的使用场景，能够在分析问题时选择适合的循环方式。

教学过程（表格描述）				
教学阶段	教师活动	学生活动	设置意图	时间安排
创设情境	前面两节课已完成项目学习中控制交通信号灯，红灯持续 5 s，黄灯持续 5 s，红灯持续 5 s。 　　提出问题：设计算法，完善功能，在交通信号灯下方增加一个"倒计时器"，提示过往的行人和车辆。	回顾上节课程序，思考如何添加"计时器"。	结合前面对"交通信号灯"程序的设计，添加新的功能，激发学生的学习兴趣。	1

探究问题	**1．算法描述：以 3 s 倒计时为例**
	①输出 3，显示 1s，清除显示。
	②输出 2，显示 1 s，清除显示。
	③输出 1，显示 1 s，清除显示。
	2．程序
	<pre>import turtle
	import time
	jishi=turtle.Turtle（ ）
	jishi.write（ 3 ,font=（ " 宋体 ",30,"normal"））
	time.sleep（1）
	jishi.clear（ ）
	jishi.write（ 2 ,font=（ " 宋体 ",30,"normal"））
	time.sleep（1）
	jishi.clear（ ）
	jishi.write（ 1 ,font=（ " 宋体 ",30,"normal"））
	time.sleep（1）
	jishi.clear（ ）</pre>
	3．分析程序特点
	　　在该算法中重复的操作是什么？重复几次？若倒计时 90 s，需重复几次操作？
		描述算法，用顺序结构完成程序。
		
		分析程序特点：语句简单、重复。
			用顺序结构解决"倒计时器"问题，程序简单，重复，从而引出本节内容。	5

	教学过程（表格描述）			
教学阶段	教师活动	学生活动	设置意图	时间安排
新课讲解	**1. 循环结构** 　　一些语句在某一条件成立时，被重复执行，直到条件不成立时，才结束重复执行。这个条件称为循环控制条件，被重复执行的语句块称为循环体。 　　**2. 循环结构流程图** 　　倒计时问题中重复执行的语句是：[输出 a，显示 1 s，清除显示（以 3 s 倒计时为例）] jishi.write（a,font=（"宋体",30,"normal"）) time.sleep（1） jishi.clear（） 条件是：a=[3，2，1] **3.for 语句基本格式** for 循环变量 in 序列: 　语句块 　　**4.for 语句执行过程** 　　执行 for 循环时，系统会将序列中元素值依次赋予循环变量，循环变量值每改变一次，就会执行一次语句块，当依次访问完序列中所有元素后，循环结束。 　　**5. 技术支持：for 语句中的序列** 　　（1）利用函数 range（）返回一个等差序列 range（起始值、终值、步长） 不包括终值。 range（1，5，2）------1，3 range（5，1，-1）-----5，4，3，2 　　（2）使用列表 例： a=[1，2，3] name=["张明","王华","李刚"]	理解循环结构的流程。 学习 for 循环语句的基本格式，掌握 for 循环语句的执行过程。 掌握 range（）的使用方法。	让学生理解循环结构的相关概念。 让学生学习掌握 for 循环语句的基本格式和 for 循环语句的执行过程。	5 6

教学过程（表格描述）				
教学阶段	教师活动	学生活动	设置意图	时间安排
实践操作	活动一：在学案上将"倒计时"程序补充完整，用 for 循环语句实现红绿灯的"倒计时"功能，并将程序加入已完成的交通信号灯程序中。提示：for 语句的格式，缩进和冒号。	用 for 语句编程实现"倒计时"功能。	学以致用，加深印象。	6
逐层递进引出新知	如何利用循环语句，让"交通信号灯"运转起来？ 活动二：补充学案中的流程图，利用循环让"交通信号灯"循环工作。	思考如何用循环实现交通灯的整体循环。	描述算法，引出新知	4
新课讲授	for 循环常用于确定固定循环次数的问题解决，对于不能确定次数的问题求解，需使用 while 语句。 while 语句基本格式： while 表达式： 　语句块 解释：while 语句中的表达式是循环控制条件，其值一般为布尔型（True 或 False）。冒号不能省略。	学习 while 语句的格式和执行过程。	学习 while 语句的书写格式，理解其执行过程。	4
实践操作	活动三：补充程序，利用循环语句让"交通信号灯"循环工作。提示：注意语句格式。	用 while 语句实现交通灯整体循环。	学以致用，加深印象。	6
总结归纳	for 循环语句和 while 循环语句的基本格式及执行过程。 for 循环语句和 while 循环语句的区别。	总结归纳所学知识点。	总结归纳，加深理解。	2
拓展提高	生活中常见的红绿灯、自助式红绿灯、智能红绿灯，以及未来的发展。	简单介绍已应用的智能红绿灯，提出问题让学生思考。	提高学生信息素养。	1

学习效果评价设计

自我评价：

积极参与帮助他人	善于思考聆听	完成课堂活动	掌握计算机解决问题的一般过程	理解解决问题的程序设计	理解两种循环结构

教师评价：

课堂表现活动（20 分）		课堂活动完成情况（40 分）		合作探究（20 分）	创新（20 分）
积极思考回答问题（10 分）	能够跟随课堂（10 分）	完成课堂活动任务（30 分）	完成能力提升（10 分）	积极与教师同学讨论（20 分）	可以在原活动中改进实现创新（20 分）

本教学设计与以往或其他教学设计相比的特点（300~500字）

《编程控灯利出行——用循环语句解决问题》是学生第一次利用循环语句解决实际问题。本节课学生利用程序设计的一般过程解决交通灯的倒计时问题和循环工作的问题，在本节课的设计过程中设计了以下环节：

1. 问题引入，通过提出交通灯倒计时问题，进行需求分析，设计算法，编写程序，掌握计算机解决问题的一般过程。

2. 通过提出新的问题，让学生掌握不同循环方式的设计思路。

3. 总结归纳两种循环结构的异同，便于学生在以后的学习中能够在分析问题时选择适合的循环方式。

4. 拓展提高，给学生介绍智能交通灯设备，让学生了解前沿技术，通过思考提升学生信息素养。

教学基本信息					
课题	探寻微信发红包，利用计算思维解决实际问题——理解 Python 语言循环结构				
是否属于地方课程或校本课程	否				
学科	信息技术	学段：1		年级	高一
相关领域	程序设计				

教学设计参与人员				
	姓名	单位	联系方式	
设计者	马军伟	北京市平谷中学		
实施者	马军伟	北京市平谷中学		
指导者	郭君红	北京教育学院		
指导者	王飞	北京市基教研中心		
指导者	张宝才	平谷区教育研修中心		
指导者	付士标	北京市平谷中学		
课件制作者	马军伟	北京市平谷中学		
其他参与者	金巍	北京市平谷中学		

指导思想与理论依据

普通高中信息技术课程是一门以全面提升学生信息素养，帮助学生掌握信息技术基础知识与基本技能、增强信息意识、发展计算思维、提高数字化学习与创新能力、树立正确的信息社会价值观和责任感的基础课程。

本节课以《普通高中信息技术课程标准（2017版）》为指导思想进行设计，在设计过程中结合了"基于问题的学习"和"构建主义思想"的教学理念，课程内容紧扣数据、算法和信息社会等学科大概念，通过问题解决活动，发展学生的计算思维，增强他们的信息社会责任，实现信息技术知识与技能、过程与方法、情感态度与价值观的统一。

教学过程以之前所学知识逐渐构建新内容，以问题推动课堂中的学生活动。鼓励学生在不同的问题情境中，运用计算思维来形成问题解决的方案，通过这种方式降低学生在学习新知过程中的理解难度，提高学生学习兴趣。

教学背景分析

教学内容：本节课是高中年级必修模块1《数据与计算》单元三：算法与程序实现的第六节循环的内容。本节课第一部分主要通过提出学生感兴趣的社会热点问题——发红包，让学生通过问题的分析，补全流程图内容，写出简单算法，通过随机函数的使用，进一步感受两种循环的使用方法，理解它们的使用场景，能够在分析问题时选择适合的循环方式。第二部分提出校园贷热点问题，讲解校园贷的利率高的问题，通过循环语句展示校园贷的暴利，让学生认识到其危害。最后通过探寻社会热点问题，总结Python语言循环结构，理解循环语句格式，尝试使用循环结构解决实际问题。

学生情况：学生在学习本节课前已经学过部分 Python 语言程序设计的基础知识，包括输入/输出语句、数据的表示与计算、基本控制结构，掌握了基本的 Python 程序设计语言编写格式和运行方式。学生在本节课前已经接触过与循环有关的算法思维方式的学习，即简单的 for 循环和 while 循环，但是没有和实际生活问题联系。部分学生对算法程序设计有一定的学习兴趣。

教学方式：讲授法、基于问题的学习、自主探究法。

教学手段：理论性知识教师讲解，问题深入学生自主探究，由浅入深逐级深入。

技术准备：硬件：多媒体网络教室。

软件：Win7 计算机、Python 3.7 程序安装、PyScripter 编辑器。

教学目标（内容框架）

知识与技能：理解程序设计中循环语句的作用和实际应用中使用方法；学会利用循环控制结构编写简单的程序，能够利用计算思维解决实际问题，通过实际问题的解决理解循环语句的特点。

过程与方法：通过问题解决的一般过程将所学知识与实际问题相结合，深入理解循环控制结构的工作流程，通过课堂提出的问题，进行需求分析，完善流程图和算法，深入理解循环的应用，实现使用循环控制结构编写程序并解决问题。

情感态度与价值观：理解程序设计在解决实际问题时的一般过程；体会算法与程序设计在生活中的应用；利用计算思维解决问题的同时，激发学生在解决问题时自豪感。

教学重点：计算思维解决实际问题；理解两种循环结构特点。

教学难点：利用计算思维解决实际生活中的问题。

教学过程（文字描述）

探寻微信发红包，利用计算思维解决实际问题
——理解 Python 语言循环结构

一、现实情境引入（2分钟）

教师引入：通过微信发红包案例引入本节课。

二、实际问题解决

需求：现有100元，给10个人随机发红包，每个人都要分到钱（至少1元），并且所有人得到的金额总和须等于100元。

活动1：分析问题

师生一起分析问题，理清解决问题的思路。

1. 金额为100元，固定10人随机获取。

引出随机函数 randint（）。

2. 每人都能得到至少1元，即每人必须分到钱。

3. 所有人的钱相加等于100元，100元必须在10次内分完。

活动2：设计算法

学生根据分析问题结果设计算法，教师给出部分算法，学生将流程图补全。

教学过程（文字描述）

自然语言描述算法：

1. 定义变量。

2. 循环遍历 10 人。

3. 判断是否为最后一人，如果是最后一人，则将剩余钱给最后一人。

4. 如果不是最后一人，得到的钱为随机数，范围是（1，10）或者学生自己思考后设定。

5. 总金额减去获得的钱数。

6. 人数减一。

7. 输出获得的钱数及剩余的钱数。

8. 返回循环，判断是否跳出循环，没有跳出，则继续循环。

9. 遍历完 10 人后跳出循环，程序结束。

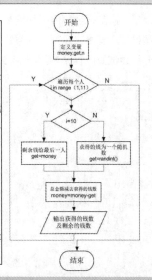

```
from random import *
money=100      # 总金额
n=10           # 人数
get=0          # 获得的金额
s_get=0        # 用于计算每个人分到的金额之和
for i in range（1，11）：              # 循环遍历 1~10
  #k=int（money/n*2）-（n-1）     # 获取随机数的最大值
  if  i==10：                     # 判断 i 值是否为最后一人
      get=money                 # 如果是最后一人，将最后剩余金额发给最后一人
  else：                        # 如果不是最后一人，执行以下语句
    get=randint（1，int（money/n*2）-（n-1））       # 获得随机金额
  money=money-get                             # 剩余金额
  s_get=s_get+get                             # 计算每个人获得的金额之和
  print（"第"，i，"个人获得"，get，"元，剩余"，money，"元""）  # 输出获得金额和剩余金额
  n=n-1                                       # 剩余人数
print（"所有人获得金额的总和"，s_get，"元"）          # 输出所有人获得的金额之和
```

活动 3：编写程序，调试程序

学生可能出现不同算法，编写程序获取随机数的范围也可能不同，最有可能出现两种情况：

1. 随机范围取值 randint（1,10），然后判断是否是最后一人，将余额都给最后一人。

2. 贪心算法：randint（1，money-n），这保障后面的人至少分到 1 元。

教师引导学生分析程序结果，这两种算法会导致钱分配的差额太大，然后引出解决方案之一：二倍均值算法。

每次获得金额 =int（money/n*2）-（n-1）

教学过程（文字描述）

这个公式保证了每次随机金额的平均值是相等的，不会因为抢红包的先后顺序而造成不公平。

学生实践：调试程序，多次运行，观察结果。

简单能力提升：尝试修改程序，使用 while 循环解决问题。（尝试不同的方式解决实际问题）

学生尝试修改，教师巡视指导。

```python
from random import *     # 导入随机模块
money=100     # 总金额
n=10          # 人数
get=0         # 获得的金额
s_get=0       # 用于计算每个人分到的金额之和
while  n>0    # 当满足人数大于 0 的条件，进行循环
for i in range（1，11）：          # 循环遍历 1~10
  #k=int（money/n*2）-（n-1）   # 获取随机数的最大值
  if  i==1：                    # 判断人数值是否为最后一人
     get=money                 # 如果是最后一人，将最后剩余金额发给最后一人
  else：                        # 如果不是最后一人，执行以下语句
   get=randint（1，int（money/n*2）-（n-1））   # 获得随机金额
  money=money-get                           # 剩余金额
  s_get=s_get+get                           # 计算每个人获得的金额之和
  print（"第"，i，"个人获得"，get，"元，剩余"，money，"元"）  # 输出获得金额和剩余金额
  n=n-1                                     # 剩余人数
print（"所有人获得金额的总和"，s_get，"元"）      # 输出所有人获得的金额之和
```

活动小结：

通过两种循环方式解决微信发红包问题，师生共同总结两种循环语句的特点：

for 循环：按照某种顺序逐个访问列表（或集合）中的每一项。

while 循环：根据表达式判断循环是否结束。

for 循环和 while 循环两者的相同点在于都能循环做一件重复的事情；不同点在于，for 循环是在序列穷尽时停止，while 循环是在条件不成立时停止。

应用场景举例：

for 循环适用于循环次数已知的情况。

while 循环适用于循环次数未知的情况。

教学过程（文字描述）

三、实践活动——探寻"校园贷"

教师简单讲述"非法校园贷"事件，分析"非法校园贷"的利率。

提出问题：向"非法校园贷"借款 1 000 元，日利率为 2%。

使用循环语句分别计算：

①第 100 天应还款的金额（小组内两人）。

②还款金额到 10 000 元时需要多少天（小组内另外两人）（尽量把每天的还款金额都显示）。

学生活动：学生分析问题，设计算法，编写程序，运行程序写出结果。

四、总结

1. 通过微信发红包问题的解决，可知程序设计解决问题的一般过程为分析问题、设计算法、编写程序、调试程序、解决问题。

2. 解决问题过程中，通过不同的算法产生不同效果。

3. 可以利用 Python 语言中 for 循环和 while 循环两种不同的方式解决问题。

```
2、还款金额到 10 000 元时需要
多少天？
j jiekuan=1 000
lixi=0.03
huankuan=0
c=1
while huankuan<10 000:
    huankuan=int(jiekuan*(1+lixi))
    print(" 第 ",c," 天 ",huankuan )
    jiekuan=huankuan
    c=c+1
```

学习效果评价设计

评价方式：学生采用自我评价和教师评价的方式进行。

学生自我评价：

积极参与帮助他人	善于思考聆听	完成课堂活动	掌握计算机解决问题的一般过程	理解解决问题的程序设计	理解两种循环结构

请记录你还有疑问的地方：

教师对学生评价：

课堂表现情况（20分）		课堂活动完成情况（40分）		合作探究（20分）	创新（20分）
积极思考回答问题（10分）	能够跟随课堂（10分）	完成课堂活动任务（30分）	完成能力提升活动（10分）	积极与教师同学讨论（20分）	可以在原活动中改进，实现创新（20分）

教学基本信息			
课题	二进制转换及应用		
是否属于地方课程或校本课程	否		
学科	信息技术	学段：高中	年级	高一
教材	信息技术必修 1 数据与计算，人民教育出版社 / 中国地图出版社，出版日期：2019 年 6 月		
授课教师	高峰	授课课时	1

指导思想与理论依据
在具体感知数据与信息的基础上，描述信息的特征，知道数据编码的方式。

教学背景分析
教学内容分析： 　　本节课介绍了二进制的原理和规则、二进制与十进制转换的方法，通过介绍日常生活中二进制的应用，帮助学生深入理解二进制的概念，培养了学生知识应用和迁移的能力。最后引入八进制和十六进制，归纳了数制转换的一般方法。 教学对象分析： 　　本节课的教学对象是高一学生，学生已经基本掌握数据、信息与知识的概念，具备基本的数学计算能力。 教学方法与教学手段： 　　主要采用讲授法、比较法、分组讨论法、讲练结合、教师演示、微课教学法、学生实践等方法，并结合日常生活实践应用。 教学技术资源准备：网络机房、多媒体设备

教学目标
教学目标： 1. 利用微课视频了解二进制的基本原理，掌握二进制与十进制的转换方法。（计算思维） 2. 能够利用计算器工具实现二进制与十进制的换算。（数字化学习与创新） 3. 在实际应用中学会抽象，理解二进制的基本原理。（信息意识、计算思维） 4. 培养学生在生活中利用所学知识解决生活中问题的能力。（计算思维） 教学重点：理解二进制的特征，掌握二进制与十进制的转换方法。 教学难点： 1. 在实际应用中学会抽象，理解二进制的基本原理。 2. 培养学生利用所学知识解决生活中问题的能力。

教学过程			
教学 进程	教学内容	学生活动	设计意图
情境 导入	提问：同学们是否认识这张图片？  有的同学已经认出来了，这是韩国国旗，那么谁知道这个国旗中的符号代表什么吗？ 不错，韩国人酷爱中华优秀传统文化，这些符号正是出自中国的太极和八卦。下面我们来看看太极和八卦。  **太极八卦图** 太极八卦图出自《易经》，书中提到，太极生两仪，两仪生四象，四象生八卦。也就是下面这张图。 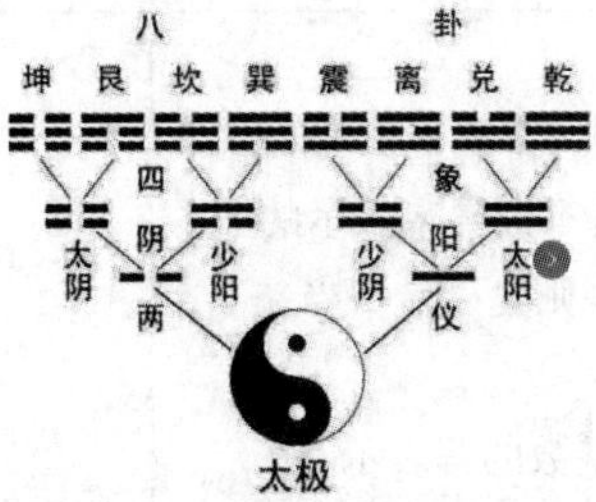 图中最下面是太极，往上是两仪，包括阳仪（阳爻）、阴仪（阴爻），在上面是四象，最上面是八卦，其中，乾代表天，坤代表地，巽（xùn）代表风，震代表雷，坎代表水，离代表火，艮（gèn）代表山，兑代表泽。 《易经》代表了早期中国的哲学思想，除了占卜、风水之外，影响涉及中医、武术、音乐、数学等方面。 我们给八卦按照顺序用数字0~7进行编号，另外，把阴爻用"0"表示，阳爻用"1"表示，将八卦进行重新编码，得出如下图所示。	回答教师问题，聆听教师讲解，观看教师演示。	从实际生活中的实例引出二进制，培养学生抽象能力。 破除部分学生对八卦仅仅是封建迷信的狭隘认知，并使学生产生一定程度的民族文化自信。

教学过程			
教学进程	教学内容	学生活动	设计意图
情境导入	左边的数字就是大家熟悉的十进制编码数，右边的数字可以称为二进制编码数。接下来就看看什么是二进制数，它和十进制数有什么关系？	回答教师问题，聆听教师讲解，观看教师演示。	从实际生活中的实例引出二进制，培养学生抽象能力。　破除部分学生对八卦仅仅是封建迷信的狭隘认知，并使学生产生一定程度的民族文化自信。
二进制知识学习	**1．二进制的概念** 二进制是计算技术中广泛采用的一种数制，其基本规则如下。 ①二进制的基数为 2，是用 0 和 1 两个基本数码来表示的数。 ②它的进位规则是"逢二进一"，借位规则是"借一当二"，例如 1+1=10。 ③不同的位数对应不同的权值，权值用基数的幂表示。 **2．二进制的起源** 17 世纪至 18 世纪的德国数学家莱布尼茨，是世界上第一个提出二进制记数法的人。用二进制记数，只用 0 和 1 两个符号，无需其他符号。 　有的人还说是莱布尼茨是从《易经》中吸取了其数学思想才提出了二进制计数法，当然，这个观点是有很大争议的。但无论如何，从《易经》中可以看到，中国在几千年前已经存在二进制这样的数学思想了。	聆听讲解。	对二进制及其起源产生初步的认知，进一步认识到《易经》不仅仅体现了古人的哲学思想，还体现了数学思想。

教学过程			
教学进程	教学内容	学生活动	设计意图
利用微课自主学习，掌握进制转换	由于计算机的操作需要通过二进制来实现，因此计算机中的数值计算就需要将十进制转换成二进制。 **1. 自主学习** 观看微课，学习十进制二进制转换方法。 （1）十进制转二进制（反向取余法） 例：一名同学今年 19 岁，将 19 转换成二进制是多少呢？ 将十进制数 19 除以 2，记录商和余数，再将得到的商继续除以 2，依此类推，直至商为零，如下图所示。将余数逆向记录便可得到结果：$(19)_{10}=(10011)_2$，其中下标数字表示进制，也可记为 19D=10011B，字母 D 表示十进制，字母 B 表示二进制。 （2）二进制转十进制（按权展开求和） 例：将二进制数 10011 转换成十进制。 二进制数中每位数字的权是以 2 为底的幂，按权展开求和，即 $(10011)_2=1 \times 2^4+0 \times 2^3+0 \times 2^2+1 \times 2^1+1 \times 2^0=16+0+0+2+1=(19)_{10}$ **2. 课堂练习** （1）将 $(10010010)_2$ 转换为十进制数 解题方法：按权展开求和计算出的结果为 $(146)_{10}$。 （2）将 $(197)_{10}$ 转换为二进制数 解题方法：用反向取余法计算出的结果为 $(11000101)_2$。	观看微课，自学交流，小组讨论，互相帮助。	利用微课进行自主学习，使学生掌握十进制与二进制之间的转换。
利用数字化工具进行数制转换	也可以使用计算机中自带的计算器软件完成十进制数和二进制数的转换。教师使用教师机广播演示计算操作方法。 学生还可以使用网络中提供的其他软件完成各种进制数制之间的转换。	学生学会使用计算机中计算器的换算功能，并验证课堂练习中的计算结果。	使学生学会利用现有的数字化工具完成进制转换计算。

教学过程			
教学 进程	教学内容	学生活动	设计意图
实践 应用 探究	**1. 背景介绍** 　　2020 年以来，全球陆续遭受了新型冠状病毒的侵袭，给社会带来了很大的危机，在疫情发展过程中核酸检测成为病毒排查的重点。大家回想一下，在疫情初期，武汉、北京等特大城市的全员核酸检测是如何进行的？又该如何提高检测效率呢？ 　　**2. 问题预设** 　　做一个问题预设：已知在 1 000 个人中有且只有 1 个人感染了新冠病毒，做一次核酸检测要三个小时出结果，采集了所有的人员核酸样本（可复制多份），并且假设检测容器足够大，可以容纳若干份样本同时检测，那么该怎么进行核算检测能最快、最省地完成任务呢？ 　　从两个要求出发分析，一个是最快，另一个是最省。最快指的是检测出结果的时间最短，最省指的是使用检测的试剂最少。 　　下面逐步进行分析。 　　**（1）考虑快，不考虑省** 　　1 000 份样本同时检测，使用 999 个核酸检测试剂，3 小时内出结果，完成任务。 　　**（2）考虑省，不考虑快** 　　提示：核酸样本可以复制多次，说明每个人可以进行反复检测，检测容器足够大，说明一个核酸检测试剂可以检测很多人。 　　想想疫情期间 10 个人一组进行检测的情况，那么该如何进行检测呢？是将 1 000 个人都放在一个容器中检测呢，还是将一部分人放在容器中检测呢？ 　　进一步提示：大家知道排除法吗？如果使用排除法，我们先排除多少人合适呢？ 　　没错，先同时在一个容器中检测一半人，即先排除一半人，然后在剩下的一半中再检测一半人，再排除一半人，依此类推，最终找到那个感染病毒的人。 　　这种方法可以归类为二分查找，也称折半查找，它是一种效率较高的查找方法，以后我们在程序算法中会学到它。 　　使用这个方法从 1 000 个人中找出感染者需要多少时间和多少个试剂呢？ 　　计算后回答：30 个小时，10 个试剂。 　　**（3）既考虑省，又考虑快** 　　我们能不能做到检测时间又快，又能省试剂数量呢？ 　　那么，进行分解问题，简化研究。1 000 个人太多，先分析检测 8 个人，找出规律后，剩下的问题就能迎刃而解了。	聆听教师讲解，思考问题，小组讨论，在教师引导下计算出结果，归纳方法，验证结论。	以实际生活场景作为突破口，引出本节课的应用实践——核酸检测效率，激发学生的学习兴趣，并培养学生分解问题、找出规律的能力。

教学过程			
教学进程	教学内容	学生活动	设计意图
实践应用探究	先回想一下八卦二进制的编码，也将这 8 个样本使用二进制表示。分别是 0 号样本（000）、1 号样本（001）、2 号样本（010）、3 号样本（011）、4 号样本（100）、5 号样本（101）、6 号样本（110）、7 号样本（111）。 如果使用二分查找的方法，检测 8 个人至少需要 3 个试剂，9 个小时检测出结果。那么我先也先摆出 3 个试剂，看看有没有方法能够减少试剂或者减少时间。 首先把检测试剂按照顺序进行编号：试剂 1、试剂 2、试剂 3，然后往试剂中逐步放入检测样本进行研究。 0 号样本不参与检测，先将 1 号样本放入试剂 1 中。 如果 1 号是感染病毒的人，那么试剂 1 应该是阳性，试剂 2、试剂 3 保持阴性，如果将阳性结果表示为 1，阴性结果表示为 0，那么结果三个试剂的结果按照从左往右的顺序依次编码为 001。这个结果和 1 号样本的编号是相同的，这是巧合吗？这个问题暂时无法回答，继续下一步的测试研究。 这次我们试着将 2 号样本放入试剂 2。 如果 2 号是感染病毒的人，那么试剂 2 应该是阳性，试剂 1、试剂 3 保持阴性，试剂的结果编码是 010，这个结果和 2 号样本的编号是相同的，这难道也是巧合吗？这个问题暂时也无法回答，继续下一步的测试研究。 这一次将 3 号样本放入试剂 3。 如果 3 号是感染病毒的人，那么试剂 3 应该是阳性，试剂 1、试剂 2 保持阴性，试剂的结果编码是 100，这与 3 号样本（011）的编号结果不一致，那么是说明刚刚发现的规律不成立，还是说 3 号样本的位置放错了？	聆听教师讲解，思考问题，小组讨论，在教师引导下计算出结果，归纳方法，验证结论。	以实际生活场景作为突破口，引出本节课的应用实践——核酸检测效率，激发学生的学习兴趣，并培养学生分解问题、找出规律的能力。

教学过程			
教学进程	教学内容	学生活动	设计意图
实践应用探究	假设刚才发现的这个规律成立，思考一下 3 号样本（011）应该放在哪里呢？ 没错，要把 3 号样本（011）分别放入试剂 1 和试剂 2，这样如果 3 号是感染病毒的人，那么试剂结果编码是 011，这样就与 3 号样本的二进制 011 编码相同了。 既然找到了一个规律，按照这个规律将 7 个样本全部放入试剂中，然后检验一下检测结果。 试剂3　　　试剂2　　　试剂1 4号（100）　2号（010）　1号（001） 5号（101）　3号（011）　3号（011） 6号（110）　6号（110）　5号（101） 7号（111）　7号（111）　7号（111） 通过多次检测，总结出如下检测方法： ①检测试剂按照顺序摆放，检测样本进行二进制编码编号。 ②试剂的数量要与检测样本最大数字的二进制编码位数相同。 ③将样本的二进制码中位数数值是"1"的，放入对应位置的试剂中。 ④试剂检测结果中的二进制编码与阳性样本二进制编码相同。 由此得出检测 8 个样本所需要的最短时间是 3 小时，所需要的最少试剂数量是 3 个；检测 1 000 个样本所需要的最短时间也是 3 小时，所需要的最少试剂数量是 10 个。真正做到了又快又省。 所以说，二进制为我们更好地解决一些日常生活中的问题提供了一条捷径。	聆听教师讲解，思考问题，小组讨论，在教师引导下计算出结果，归纳方法，验证结论。	以实际生活场景作为突破口，引出本节课的应用实践——核酸检测效率，激发学生的学习兴趣，并培养学生分解问题、找出规律的能力。
拓展延伸	在计算机科学中，除了使用二进制外，人们还经常使用八进制和十六进制。不同的进制，常在数的右下角标明基数。基数是可使用数码符号的数据，R 进制的基数就是 R，遵循"逢 R 进一"的原则。 通常，十进制证书转换成 R 进制采用"除 R 反向取余法"。R 进制数转换成十进制数采用"按权展开求和法"。 练习：将（100）$_{10}$ 分别转换为八进制和十六进制数。	聆听讲解，思考进制的概念，使用数字化工具迅速完成数制转换练习任务。	使学生进一步掌握数值的概念，练习他们找到解决问题最快的方法。
课堂小结	回顾本节课知识要点： 1. 二进制的概念。 2. 二进制与十进制的转换方法："除 2 反向取余法"和"按权展开求和法"。 3. 二进制可以应用于生活中解决实际问题。	听教师总结，思考二进制的特点与应用。	巩固所学概念知识，帮助学生系统性地建立起知识架构。